ヒトを喰う生き物

[監修]パンク町田　[著]斎藤 沙千恵

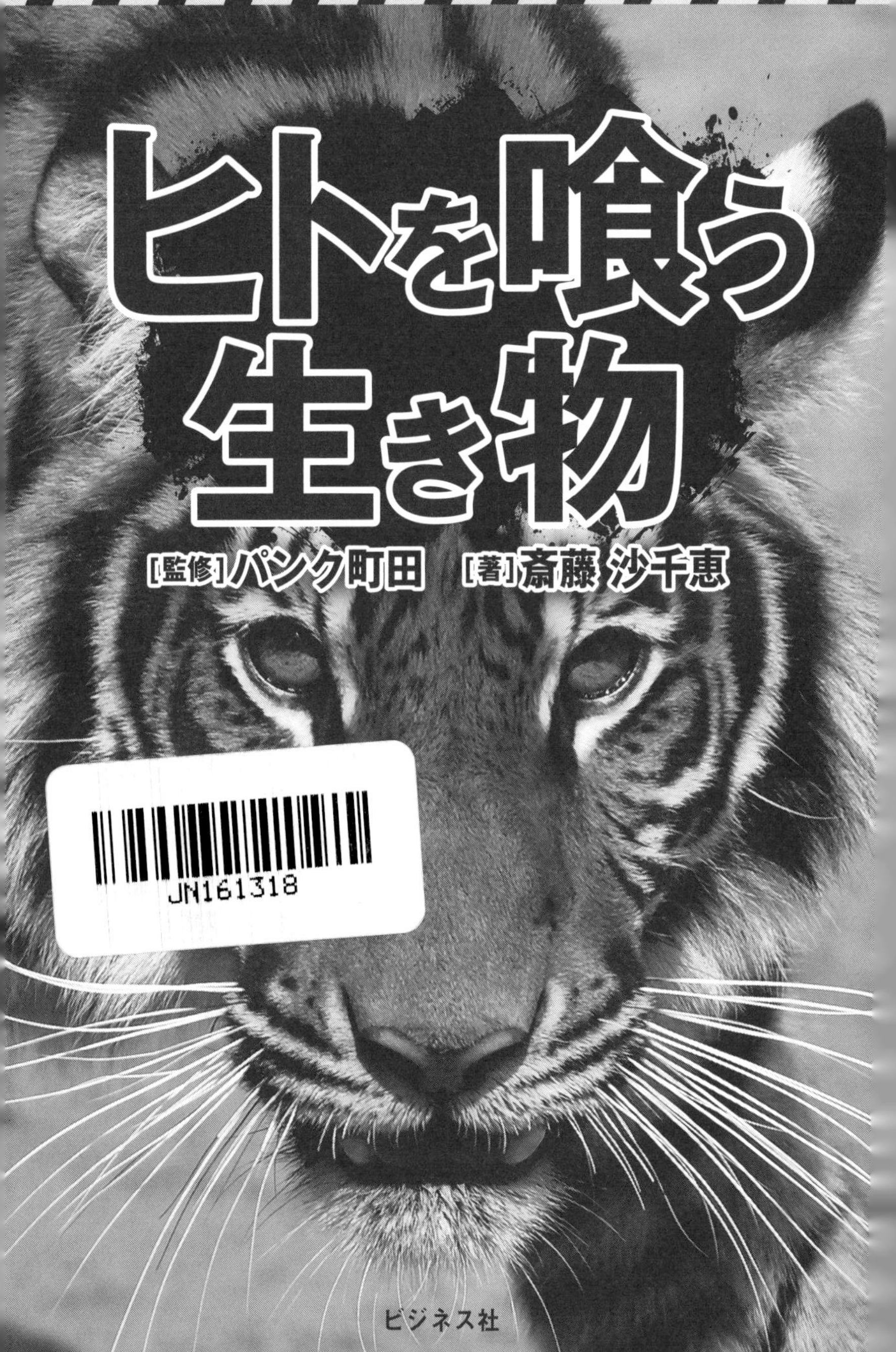

ビジネス社

はじめに

人間が動物に喰い殺される……。そんな映画みたいなこと、そうそう現実で起こるわけがない。そう思う人もいるだろう。

だが、私たちが知らないだけで、実際に世界では多くの人々がさまざまな動物に襲われ、命を落としているのだ。

では、一体どんな動物が人を襲うのか。

パニック映画の代表作でもある『ジョーズ』や『アナコンダ』のモデルとなっている〝ホホジロザメ〟や〝アナコンダ〟は、きっとまっ先に名前があがるだろう。

また、日本では過去に凄惨《せいさん》な獣害事件を起こしている〝ヒグマ〟が昔から恐れられており、今でも襲われる人が後を絶たない。

ただ、これらの動物が人を襲うといっても、驚く人はほとんどいないだろう。

しかし、動物園の人気者である〝パンダ〟や〝ゾウ〟、知能が高く賢いといわれている〝チンパンジー〟も、人を襲うことがあるのはご存じだろうか。

一見、温厚そうに見える動物たちでも、ときとして人に牙をむくこともあるのだ。

本書では、こうしただれもがイメージする危険な動物から、あまり知られていない意外な動物まで、ありとあらゆる〝ヒトを喰う〟動物をご紹介している。

本文の中では、実際に人が襲われた事件を数多く取り上げており、なかには襲撃時の様子を詳細に述べているものもある。そのため、人によっては気分を害することもあるかもしれない。だが、さまざまな痛ましい事件の記録を調べてみると、私たち人間側が彼らの生態をよく理解しなかったために起きてしまった事件がとても多いと感じた。

特に近年では、山も海も気軽に楽しめるスポーツが増えたことで、野生動物と出会う確率が格段に上がった分、被害も増加しているのだ。

動物が自分のテリトリーに侵入してきた者を警戒したり、生きるために捕食しようとするのは、自然界ではごく当たり前のこと。

なにも好き好んで人間を襲っているわけではない。私たち人間側が彼らの生態や危険性をきちんと理解していれば、助かった命もあったかもしれない。だからこそ、同じような被害が少しでもなくなることを願い、凄惨な事件の様子もできるだけ詳しく記載している。

また本書では、迫力満点の写真や、監修である動物研究家のパンク町田さんの実体験に基づいた独自のコメントなども満載だ。ただ、恐ろしいだけではない、動物たちの魅力を存分に楽しんでいただきたい。

ヒトを喰う生き物
～目次～

はじめに……2

第一章 ヒトを喰う 陸の生き物……7

❶インドゾウ【仲間の恨みをはらす残虐な知能犯】……8
❷ライオン【人肉の味を覚えた食物連鎖の頂点】……14
❸アミメニシキヘビ【世界最長の胴体で獲物を絞め殺す】……22
❹ヒグマ【凶暴凶悪！ 日本最大の陸上生物】……28
❺ヒョウ【犠牲者続出！ 幼子を狙う狡猾な捕食者】……36
❻アフリカニシキヘビ【サイズも獰猛さも世界最凶クラス】……42
❼ホッキョクグマ【純白の毛皮におおわれた最強の肉食獣】……48
❽トラ【人間は食料！ 一撃必殺の華麗なハンター】……54
❾ブチハイエナ【骨までむさぼる〝草原の掃除屋〟】……62
❿オオアナコンダ【人間を丸呑みにするアマゾンの帝王】……68

⑪オオカミ【100人を殺戮したジェヴォーダンの獣】……74

第二章
ヒトを喰う 海・川の生き物……81

⑫ホホジロザメ【世界中の海に出没する恐怖の暴君】……82
⑬ナイルワニ【獲物を仕とめる恐怖のデスロール】……90
⑭イタチザメ【食欲旺盛なヒレを持ったゴミ箱】……98
⑮カンディル【内臓を喰らうアマゾンの殺人ナマズ】……106
⑯イリエワニ【300人以上を殺害した水辺の怪物】……110
⑰フォーラーネグレリア【致死率95%！ 恐怖の殺人アメーバ】……118
⑱オオメジロザメ【獲物に突進する非情な〝牛鮫〟】……126
⑲ピラニア【ホントは臆病なアマゾンの殺人魚】……134

第三章
ヒトを喰う 身近な生き物……141

⑳アフリカオニネズミ【子どもを襲う恐怖の巨大ネズミ】……142

㉑サナダムシ【脳を穴だらけにする戦慄の寄生虫】……148
㉒ジャイアントパンダ【動物園の人気者に隠れた肉食獣の本性】……156
㉓チンパンジー【握力300キロの暴れん坊】……164
㉔イヌワシ【〝復讐するは我にあり〟大空のハンター】……170
㉕カイチュウ【脳にまで侵入する静かな暗殺者】……176
㉖グンタイアリ【邪魔する者は一網打尽に喰い尽くす】……184
㉗ブタ【生きた人間を食べ尽くす大食らいの怪物】……190
㉘野犬【捨てられた恨みで暴徒と化す】……196
㉙ロバ【動物性タンパク質不足で悪魔に豹変】……202
㉚カンムリクマタカ【猛禽類最強の攻撃力〝空飛ぶヒョウ〟】……208
巻末付録　動物たちが大騒ぎ！　戦慄のヒト喰い映画……213
参考文献……220

【第一章】

ヒトを喰う陸の生き物

Denger Animal 01

【仲間の恨みをはらす残虐な知能犯】
インドゾウ

【生態DATE】
危険度：★★★★★
分類：ゾウ科
体長：5.5～6.4m

ゾウは、現在陸上に生息している動物の中でもっとも大きな哺《ほ》乳《にゅう》動物で、大きく分類するとアジアゾウとアフリカゾウの2種に分けられていた。しかし、最近ではアフリカゾウの亜種とされていたマルミミゾウは別種と考えられ、3種に分けられることが普通である。

アジアゾウはとても温厚な性格で、皮膚は濃い灰色または灰褐色で耳が小さく、物をつかむために鼻の先に指状突起《しじょうとっき》がひとつある。牙はアフリカゾウよりも小さい。メスは牙がほとんど口の外に出ていないものが多く、まれに牙のないメスもいる。

そして前足に5本、後足に4本のひづめがあり、頭部には半球型の大きなふくらみが2つある。

一方、アフリカゾウはとても気性の荒い性格で、皮膚は茶褐色っぽくて耳が大きい。鼻の指状突起が2つあり、立派な長い牙が生えている。

アジアゾウはインドゾウ、セイロンゾウ、スマトラゾウ、マレーゾウの4亜種に分けられるが、その中でも代表的な亜種はインドゾウである。

インドゾウは長鼻目ゾウ科で、主にインドやミャンマーの国境地帯に多く生息が確認されている。他にも、バングラデシュ、ネパール、ラオス、ブータン、タイ、マレーシア、カンボジア、中国などの森林や水辺の近くなどに分布している。

体長は5・5～6・4メートル（鼻の長さを含む）、体重は、オスが2500～6000キロ、メスが2000～4500キロほど。これまでに確認されている最大個体は、6700キロもあったといわれている。

ちなみにゾウといえば、童謡の「ぞうさん」の歌詞にもあるように、長い鼻が一番の特徴でもあるが、実はこの鼻はすべて筋肉でできており、私たち人間の鼻のように硬い骨やなん骨はない。

基本的には草食性で、主に草や木の枝、葉、樹皮、根、種子、果実といったものを1日あたりに100～200キロも食べる。そのため、1日の半分以上もの時間を食事に費やし、ひたすら食料を探し求めて歩き回る。

しかし、近年では森林伐採などの影響で緑豊かな広大な土地が失われつつあり、満足に食事をするのも難しい状況になっている。また、象牙《ぞうげ》のための密猟の標的になったり、使役用に捕獲されるなどして、ゾウは年々その数を減らしている。

恐怖の殺人ゾウ「オサマ・ビンラディン」

つぶらな瞳《ひとみ》に大きな体、そして最大の特徴でもある長い鼻を持つゾウは、日本の動物園でも子どもたちに大人気。その外見から、おとなしくて優しそうな動物というイメージを持つ人も多いだろう。だがそんな人々のイメージに反し、ゾウが人間を襲ったという事件は実は少なくはない。

微笑みの国といわれるタイでは、インドゾウの背に観光客を乗せるアトラクションが大人気で、これを目当てに旅行に行く人も多いというが、近年はゾウの暴走が相次いでいるという。

最近では、2015年8月26日、タイ北部のチェンマイで3人の中国人観光客を乗せたオスのゾウが突然暴走。ゾウ使いの男性を牙で突き刺すなどして、そのまま逃走するという事件が起きている。

男性はこのゾウの担当になったばかりで、ゾウがまだなついていなかったのが暴走の原因ではないかともいわれている。中国人観光客の両親と幼い子どもの3人を乗せたまま、暴走したゾウは森へ逃げ込んだ。その後、以前の担当だったゾウ使いの男性によってなだめられ、ゾウ園に連れ戻された。

約3時間もの間、ゾウの背から身動きをとることができなかった親子は、特にケガもなく無事に救出されたが、いずれもショックの色を隠せない様子であったという。

タイでは同年6月にも、レストランで食事をしていた2人の観光客がゾウ使いに話しかけた際に、突然暴走したゾウに襲われ、1人が死亡、1人がケガを負う事件が起きている。

ゾウの鼻は全て筋肉でできている。１トンほどの重いものを持つことも可能だ。

２００８年５月30日には、インドで過去、数ヶ月の間に11人以上もの人間を殺害したとされるオスのゾウが射殺されている。

多くの人々を襲い、作物や建物を破壊したこのゾウは「オサマ・ビンラディン」と名付けられ、村人たちに恐怖を与え続けていた。射殺された日には、死体を一目見ようと大勢の村人がつめかけたという。

このほかにも、インド東北部の北バングラデシュ地区では、インドゾウの群れが53歳の男性を取り囲み踏み殺すという事件も起きている。

この男性は、数週間前に何人かの村人とともに母親のゾウを殺し、象牙と尾、爪、生殖器官などを切り落としていたようで、ゾウの仲間から復讐《ふくしゅう》された可能性が高いと見られている。

ゾウは人間の4倍もの大きさの脳を持つ、地球上でもっとも頭の良い動物の1種であるといわれており、その記憶力も大変優れているとされる。そのためゾウは、自分たちの仲間を殺した人間をきちんと見分けることも可能だと考えられているのだ。

また、インドのある村では1頭のインドゾウが17人もの人間を襲い、捕食したという信じられない事件も報告されている。本来草食であるゾウが、人間を食べることはあり得ないのだが、この事件を起こしたゾウを殺して胃の中を調べてみると、人間の体の一部が発見されたのである。

なぜ、このゾウが人を食べたのかという理由についてはふたつの可能性が挙げられている。

ひとつめは、人間に子どもを殺されたゾウの怒りの復讐。ふたつめは、人間の土地開発によって棲《す》み家《か》が奪われ、仲間と離れ離れになってしまったことによるストレス。

ご紹介したいくつかの事件を見てみると、ゾウは誰彼かまわず襲っているわけではないように思える。仲間や子どもを大切に想う気持ちが強いゾウだからこそ起きてしまった悲劇だといえるだろう。

赤ちゃんのため驚くべき行動に出たゾウ

しかし、そんなゾウによる襲撃が増えるインドで、驚くべき行動をとったゾウがいたという。

2014年3月10日、インド東部の西ベンガル州にあるオルガラという村に1頭のゾウが現れ、1軒の民家を破壊した。

夜の8時ごろ、食事をしていた夫婦は突然寝室から聞こえてきた大きな音に驚き、すぐさま寝室へと向かった。破壊された寝室には生後10ヶ月になる娘が寝ており、すぐそばに1頭のゾウが佇《たたず》んでいた。

泣いている赤ちゃんを見つめていたゾウは、しばらくすると体の向きを変えて森へと引き返そうとした。しかし、一度泣き止んだ赤ちゃんがまた泣きだすと、再び家に近づいてきたのである。

そして、赤ちゃんに降りかかった瓦礫《がれき》をひとつひとつ丁寧《ていねい》に払い除くと、ゾウはその後、静かに森へ帰って行ったというのだ。赤ちゃんはすぐに病院へ運ばれたが、瓦礫の落下で多少の傷はあるものの命に別状はなかったという。

怒りに我を忘れたゾウが、赤ちゃんの泣き声で本来の優しさを取り戻したのだろうか。

こうしたゾウの慈愛《じあい》に満ちた行動を見ると、自分たちの暮らしを豊かにするために彼らの棲家を荒らし、仲間を殺した私たち人間は、あまりにも身勝手な存在に思えてくる。

パンク町田'sワンポイント

ゾウは不思議です。なんたってデカいですから。
そのデカい体を支えている足には秘密があります。アジアゾウは進化の過程で巨大化する際、体重を支えるために前足に6本目の指も発達させていったのです。5本では支えきれなかったんだ〜。発生学的には5本の指とは別の物で、手根骨《しゅこんこつ》に付随するなん骨が指としての機能を獲得したものですね。

Denger Animal 02

ライオン

【人肉の味を覚えた食物連鎖の頂点】

【生態DATE】
危険度：★★★★
分類：ネコ科
体長：2.4〜3.3m

基本的に、単体で行動することの多いネコ科の動物の中で、唯一ライオンは群れ（プライド）を形成し、たがいに協力し合いながら狩りや子育てを行う。

このプライドは、2〜15頭のメスや子どもと、1〜6頭のオスで形成される。それぞれメスはメスたちとオスはオスたちと通常は血縁関係にあり、それらとの間に生まれた子どもたちにより構成される。

狩りや子育てをするのはほとんどがメスの役目で、オスはメスが捕えた獲物をわが物顔で食べ、普段はほとんど何もせずにごろごろと寝っころがっている。

そのためオスはメスに養ってもらっているヒモ男のように思われがちだが、ただのなまけ者ではない。

縄張りにほかのオスや敵が侵入してきたときは、体を張って群れを守り、闘うという立派な役目があるのだ。

プライドのボスグループのオスたちが他のオスとの闘いに負けると、そのプライドは勝利したオスグループ〝ノマド〟（遊牧民の意味）のものとなり、負けたオスはプライドを追い出されてしまう。そしてプライドを乗っとった新たなボスは、まず、群れにいる1歳未満の子どもを皆殺しにする。

もちろん、それをすべての母親が黙って見ているわけでなく必死にわが子を守ろうとする母親もいる。だがたいていの場合は助けることができず、親子

ともども殺されてしまうこともあるという。

なぜ、新しいボスはそんな無慈悲《むじひ》なことをするのか。それは自分の群れを維持するためだ。

子どもが殺されると、メスはエストロゲンの分泌が盛んになるため、発情がうながされる。新たなボスはそうして自分の子どもを産ませるのである。

ライオンはトラの次に大きなネコ科の動物で、メスが頭胴長《とうどうちょう》（頭の先から尾の根元までの長さ）2・4〜2・7メートル、オスが2・6〜3・3メートル。体重はメスが120〜180キロ、オスが150〜250キロほど。

体毛は短く淡い黄褐色や赤褐色が多く、体の内側の毛は白い。そして尾の先端には房毛がある。オスには頭部から首回りにかけて立派なたてがみがあり、ヒジやカカト、腹部が長い毛でおおわれている。メスにはオスのようなたてがみはない。

たてがみは、オスの体を大きく見せて敵を威嚇《いかく》する効果だけでなく、闘いの際にケガを防ぐ役目も持っている。

9ヶ月間で28人を喰い殺した「ツァボの人喰いライオン」

ライオンは、1日のほとんどを寝てすごす。

夜行性のため、狩りは夜間に行うことが多く、日中は木かげなどで休み、よけいなエネルギーの消費を抑えているのだ。活動するわずか2~3時間で獲物を探して仕とめ、食事をすませてしまう。実にむだのないシンプルな生活である。

おもにヌーやガゼル、シマウマ、スイギュウなどの草食動物を捕食するが、若いカバやゾウ、キリン、ウサギや小鳥といった小動物や爬虫類《はちゅうるい》なども食べる。

だが、ときにわれわれ人間も彼らの捕食対象となり、毎年多くの人がその被害に遭《あ》っている。歴史的にもっとも有名なヒト喰いライオンといえば「ツァボの人喰いライオン」があげられるだろう。

事件は、1898年にアフリカのケニア~ウガンダ間の鉄道建設現場で起きた。

ツァボ川に橋をかけるための工事をしていた労働者たちが、突如現れた2頭のライオンに次々と襲われ、9ヶ月の間に28人も喰い殺されたのである。

のちに射殺された2頭のライオンは、たてがみがわずかしかなく一見メスのようにも見えたが、調べてみると若いオスのライオンであることがわかった。多くの犠牲者を出したツァボの人喰いライオンは剥製《はくせい》にされ、現在はシカゴのフィールド博物館に展示されている。

通常、狩りをするのはメスだが、縄張りに敵が侵入してきたときはオスが闘う。

また、この地域では1900年にも人喰いライオンが現れ、キマ駅で鉄道員が1人喰い殺される事件も起きている。

しかも、そのライオンを仕とめようとした鉄道公安局長らが、停めてあった客車の中でライオンを待ち伏せしている最中に眠ってしまい、侵入してきたライオンに襲われてしまった。

殺された局長はライオンに連れ去られたが、その際、床に寝ていた仲間はライオンの下敷きとなっていたことで命が助かった。だがあまりの恐怖に神経をやられてしまったという。

このキマの人喰いライオンはその後、別の鉄道員が仕かけたワナで捕獲され、数日間見世物にされたのちに射殺された。ライオンは年老いており、牙と爪の先端が丸くなっていたといわれている。

群れ全体が人喰い化するケースも

このほかにも人喰いライオンによる被害は多数報告されている。

20世紀初頭、ウガンダに現れた「サンガの人喰いライオン」は群れ全体が人喰い化し、何年にもわたって人々を襲い続けた。ライオンたちは夜になると村の住居に侵入したり、国境を越えてきた移民労働者が野宿しているところを襲ったというが、正確な犠牲者の数はわかっていない。

しかし、サンガの人喰いライオンのうち、1頭は少なくとも84人を喰い殺したといわれており、別の1頭も44人を喰い殺しているのではないかとされている。この事件を起こしたライオンの群れは総勢17頭を数えた。

人喰いライオンの群れは、1925年になるとさらにその行動範囲を広げ、ビクトリア湖北岸のエンテペ地方にも姿を現すようになった。しかも、そのうちの1頭はゾウの群れをわざと農園に追い込み、ゾウを追い払おうと家から出てきた人を次々と襲撃したという。

また2003年1月1日には、マラウイの国立公園近くで1頭のライオンが49歳の男性を喰い殺しているところを村人が発見している。ライオンは、村人の姿を見ると被害者の頭部と腕の一部を残して、その場を去っていった。さらに、その翌日も40歳の女性がライオンに襲われた。発見されたときには被害者の身体は食べつくされており、現場には被害者の頭だけが残されていたという。

そして、2004年4月には、タンザニアの南で捕獲された人喰いライオンが射殺されている。

この事件は、ルフィジ県の鉱山地帯にある村々で起きたもので、1頭のライオンによって少なくとも35人もの人が喰い殺されたとされている。

捕獲されたライオンは若いオスだったが、臼歯《きゅうし》の下に大きな腫瘍《しゅよう》があった。物をかむときにかなりの痛みがあったのではないかと推測され、野生の動物を捕らえることが難しくなり、人を襲うようになったのではないかと考えられている。

さらに、2015年4月28日には、南アフリカのイースト・ロンドン動物園で男性が死亡している。この日、身元不明の30〜35歳と思われる男性が開園時間の朝9時ごろ、1人で動物園を訪れた。そしてフェンスをよじ登り、オリの中へと入っていったのだ。それから1時間ほどして、ライオンにエサをやりに来た飼育員が、2頭のライオンによって喰い荒らされた無残な男性の遺体を発見した。

この事件は男性が自らオリの中へ入って行ったことから自殺ではないかと考えられているが、なぜ男性がこのような死に方を選んだのかは不明である。

しかし、なにより恐ろしいのは、一度人の味を覚えてしまったライオンは、何度も人を襲う危険性があるということだ。特に群れで行動するライオンの場合、人喰いの習性が群れ全体に伝わってしまうことが多く、さらにそれがメスのライオンの場合、子どもも人喰いになる可能性が非常に高くなる。

そのため、人喰いライオンの被害は、一度起こると長く続いてしまうのである。

また近年では、アメリカとタンザニアの科学者が、タンザニア地方でのライオンによる被害は1990年から2005年にかけて増加していると報告しており、ツァボの事件よりもその被害者数はるかに多い。

さらにタンザニアでは、1990年から2004年までの間に、なんと815人がライオンに襲われ、そのうちの563人が喰い殺されているのだという。

なぜ、ライオンによる人喰い事件が増えているのか。その原因のひとつに本来の獲物である草食動物の減少がある。ライオンの生息域でも人工的な開発などさまざまなことが原因で、草食動物の数が減っている。〝飢え〟が、人間を襲わせるのである。

世界中で非難されるゲームハンター

現在、世界ではライオンの数も急激に減少している。

ライオンはかつて、アフリカの大部分の地域から南東ヨーロッパ、中近東、インドなど人間に次いで広く分布していた。だが、現在では国立公園や保護区での生息がおもになっている。

しかし、そんな絶滅危惧種《ぜつめつきぐしゅ》であるはずのライオンが、ゲームハンター（遊びで動物を殺す狩りのこと）によって殺される被害があとを絶たない。

2015年7月1日にはアフリカ・ジンバブエのワンゲ国立公園に棲む、人気者のオスのライオン「セシル」が殺され、世界中で大きな問題となった。セシルは研究者などと接することが多かったので非常に人に慣れており、至近距離でその姿を観察できる貴重な野生動物であった。

セシルが殺される以前から、罪のない大型動物を遊びで殺すゲームハントは問題視されていたが、多くのファンに愛されたセシルの死に、世界中から非難の声があがった。

ジンバブエではこのほかにも4月に別のライオンが殺されており、それぞれの狩りが違法であった可能性が高いとされている。

ライオンなど希少動物の保護をする一方でゲームハンターを黙認しているジンバブエには、50万人分もの狩猟禁止を求める署名が届いているという。

たんなる遊びのためだけに動物の命を奪うなど、決して許されることではないのだ。

パンク町田'sワンポイント

ライオンは、結果的に相手が死ぬことがあっても、普通は相手を殺すことを目的に戦うことはない。ライオンは群れをつくる習性があることから、順位や決まり事を整えるための決着を付ける目的で戦うため、同種間での争いは相手がノマド（オスだけで構成されたグループ）であろうと、基本的に殺すことを目的としないのだ。

Denger Animal 03

【世界最長の胴体で獲物を絞め殺す】アミメニシキヘビ

【生態DATE】
危険度：★★★
分類：ニシキヘビ科
体長：5〜9.9m

アミメニシキヘビは、有鱗目《ゆうりんもく》ヘビ亜目ニシキヘビ科で、その名のとおり、背面のさまざまな色が混じった網目模様が最大の特徴である。

縦長の瞳孔《どうこう》と鮮やかなオレンジ色の目、そして目から口角にかけては一本の黒い線が入っている。

大きく開く口は、自分の頭よりも大きな獲物を楽々と丸呑みにすることもできる。

分布域が広いため、体の大きさや色、模様は地域によって多少異なるが、平均的な体長は5〜7メートルほど。現在確認されている最大サイズは9・9メートルである。

しかし、なかには体長10メートル以上の個体が発見されたという話もあるようだ。

体重は、同じサイズのアナコンダに比べると比較的軽いが、なかには100キロを超える個体も確認されている。

アミメニシキヘビは、おもに東南アジアの熱帯雨林などに生息が確認されており、とくにジャングルの川や水田を好むが、シンガポールでは下水道で発見されたこともある。

基本的には夜行性のため狩りは夜に行い、昼間は茂みなどに隠れて体を休めていることが多い。

おもに哺乳類や鳥類、爬虫類などの獲物を捕食するが、ヒョウや人間を捕食したという事例も報告さ

れている。

彼らの狩りの手法は、まず湾曲《わんきょく》した鋭い牙で獲物にかみついてから、その長い胴体で巻きつき、獲物をゆっくりと窒息するまでじわじわと締め上げる。そして、大きな口でこれまたゆっくりと獲物を丸呑みにし、時間をかけて消化していく。

ペットとしても人気で日本にも輸入されている。特定動物に指定されているため、飼育には地方自治体の許可が必要である。

また、近年ではヘビや鳥、サメなどの生物に見られる単為生殖《たんいせいしょく》が、２０１２年６月に世界で初めてアミメニシキヘビでも確認されている。

単為生殖が観察されたのは、アメリカのケンタッキー州にあるルイスヴィル動物園。

オスとの接触が一切なかった体長６メートルのアミメニシキヘビの卵から６匹の子どもが孵化《ふか》したのだ。この６匹のうちの３匹は、母親とそっくりな模様を受け継いでおり、半クローン状態であったという。

大蛇の腹の中から現れた男性の遺体

人喰いヘビとして有名なアナコンダに比べると、知名度も重量も若干引けをとるが、長さだけを見れば、アミメニシキヘビは世界最長のヘビである。

そして、人間が襲われた被害件数も、実はアナコンダよりもアミメニシキヘビのほうが断然多い。

週刊誌『FLASH』1998年9月1日号には、解体されたアミメニシキヘビの腹の中から、男性の遺体が発見された、衝撃の瞬間を収めた写真が掲載されている。

この事件はインドネシアのスラウェシ島で起きたもので、被害者は南スラウェシ州北部に住む35歳の男性であった。

事件当日、男性はいつものように妻と畑仕事へ向かった。日が暮れ、妻は夕飯の支度をするため先に帰宅した。そして家で夫の帰りを待っていたが、男性は翌朝になっても帰ってはこなかった。

夫の身を案じた妻が、畑や周辺の森林を捜索してみると、夫が愛用していたナタや身に着けていた帽子《ぼうし》と靴《くつ》を見つけた。そして、そのすぐ近くに飛び散る血痕《けっこん》をたどっていくと、異様に腹部のふくらんだ体長5・7メートル、体重200キロものアミメニシキヘビが横たわっているのを発見したのだ。

妻はあわてて助けを求め、駆けつけた約20人もの村人によって大蛇は捕獲された。動揺する妻が見守るなか、大蛇は頭部を切断して殺されたのち、腹部を一直線に切り開かれた。

大きな口と長い胴体で、人間ですら丸呑みにすることができる。

すると、その体内から消化液まみれの男性の遺体が発見されたのである。写真から推測すると、男性は頭から呑み込まれたものと思われる。今回は発見が早かったため、遺体が消化される前になんとか取り出すことができたが、一週間もすれば身元の確認は困難になっていただろう。

ほかにも、アミメニシキヘビが人間を呑み込もうとしている瞬間を目撃したという事例があるので、ご紹介しよう。

1995年、マレーシアのゴム園に勤めていた29歳の男性が、体長7メートルものアミメニシキヘビに襲われて死亡した。

帰りの遅い弟を心配して探しに行った兄は、巨大なアミメニシキヘビに巻きつかれたまま頭を呑み込まれようとしている弟を発見した。

驚いた兄は、弟を助けようと果敢《かかん》にもヘビに襲いかかり、格闘の末なんとかヘビを仕とめることに成功した。しかし、このときすでに弟は息絶えていたという。

男性の足にはヘビの歯形がくっきりと残っていたため、男性はヘビにかみつかれた後に絞殺《こうさつ》され、捕食されかけたのではないかといわれている。

国内初の外国種のヘビによる死亡事故

また、捕食されてはいないが国内でも2012年4月14日、茨城県のペットショップで66歳の男性が体長6・5メートルのアミメニシキヘビに襲われて死亡するという事件が起きている。

この日、男性はペットショップを経営する長男に頼まれ、自宅の隣にあるヘビの飼育場の温度を1人で確認しに行った。

なかなか戻ってこない男性を心配した奥さんが飼育場を見に行くと、オリの外に出ているヘビと、鍵が開けられたままのオリの近くで男性が倒れているのを発見した。

男性の首にはヘビに絞められた跡と、頭や右腕に無数のかみ跡が残っており、すぐに病院へ搬送《はんそう》されたが、約1時間後に死亡が確認された。死因はかまれたことによる出血死とみられている。

国内初の外国種のヘビによる死亡事故は、ニュースなどでも大々的に取り上げられ話題となった。

アミメニシキヘビは海外ではペットとして非常に人気の高い種であるが、きちんとした飼育環境と知識がないと、今回のようにとり返しのつかない事態を引き起こしてしまいかねない。

もし、この種を日本で飼育するなら、まずは各都道府県で定められている条件にかなった飼育環境を用意しなければならない。

平均体長が5～7メートルにもなるアミメニシキヘビを入れるケージは、木材やアクリルを使った頑丈《がんじょう》な造りが求められる。

また、体のサイズに合った広さも必要となってくるため、狭い部屋で飼うのはむずかしいだろう。

そして、これは絶対にあってはならないことだが、万が一にもヘビを脱走させてしまったときのことを考えると、近隣の住人にはきちんと説明して理解を得ておいたほうがいいだろう。

パンク町田'sワンポイント

実は私、インドネシアの水田そばの洞窟の中で、アミメニシキヘビにぐるぐる巻きにされて殺されかけたことがあります。すごい力でした。3人がかりで救出されましてね。以来、すっかり私、アミメニシキヘビのファンになりまして……。強いものへのあこがれですかね……。

Denger Animal 04

【凶暴凶悪！日本最大の陸上生物】ヒグマ

【生態 DATE】
危険度：★★★
分類：クマ科
体長：1.5～3m

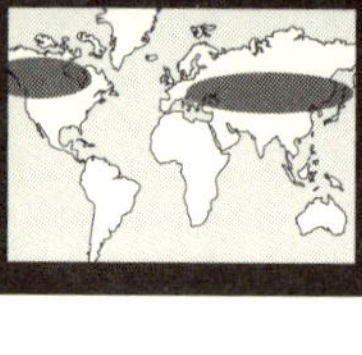

山登りやキャンプなどでいちばん遭遇《そうぐう》したくない動物といえば、まっ先にクマを思い浮かべる人も多いだろう。登山をする際には、クマ除けの鈴やスプレーなどを持ち歩く人も多く、クマに対する警戒心の高さがうかがい知れる。

だが、一概にクマといっても、世界にはヒグマ、ホッキョクグマ、アメリカグマ、ツキノワグマ、マレーグマ、ナマケグマ、メガネグマ、パンダなど複数のクマ属がいる。

その中で特に獰猛《どうもう》とされるのが、大型種のヒグマである。ヒグマは、クマ科の中でホッキョクグマと並ぶ最大の種で、亜種としてハイイログマ、コディアックヒグマ、エゾヒグマ、ウマグマなどさまざまな種が認められており、その大きさは生息地域などによってだいぶ異なる。

北アメリカに生息しているハイイログマは「グリズリー」とも呼ばれており、その巨大な体で有名である。

だが、ヒグマ種の中でもっとも大きいとされるのはコディアックヒグマである。

グリズリーのオスの成獣《せいじゅう》は体長２・５メートル、体重３５０キロほどで、大きい個体になると５００キロを超えるものも見られるが、コディアックヒグマのオスの成獣はさらに大きく、体長２・５メート

ル～3メートル、体重250～500キロほどで、中には700キロを超えるものも存在するという。

対して、ヒグマ種の中でもっとも小型なのがウマグマで、体長150センチメートル、体重120キロほどとほかのヒグマと比べるとかなり小さい。

このように同じヒグマ種でも体の大きさにはかなりの差があるが、いずれもメスよりもオスのほうが体が大きいというところは共通している。

また、どの亜種も肩の筋肉が発達してこぶのように盛り上がっており、前足に鋭いかぎ爪がある。さらに、とがった犬歯と小さな耳も共通したヒグマの特徴のひとつである。

食べ物は魚や果実、昆虫、植物の葉や根、シカなどなんでも食べる雑食性だが、ときには人間の出した生ごみや畑の作物などを狙って人里に姿を現し、人間と遭遇して襲いかかることもある。

日本にも北海道にのみ生息するエゾヒグマがいるが、この種は日本最大の野生の陸上動物である。

日本史上最悪の「三毛別熊事件」

ヒグマによるもっとも有名な獣害事件といえば、１９１５年12月に北海道苫前郡《とままえぐん》苫前村《とままえむら》（現・苫前《とままえ》町《ちょう》古丹別《こたんべつ》）三毛別《さんけべつ》（現・三渓《さんけい》）六線沢《ろくせんさわ》で起きた「三毛別羆《さんけべつひぐま》事件」だろう。

事件の始まりは12月９日、突如姿を現した体長２・７メートル、体重３４０キロもの規格外に大きなオスのヒグマが、家の中にいた６歳の男の子とその母親に襲いかかった。

男の子の遺体は、帰宅した父親にその場で発見されたが、母親の遺体は外へと運び出されており、翌日、近くの山林で発見された。遺体は、無残にも喰い荒らされた状態で、頭と足のみが残され、トドマツの木の根元に埋められていたという。クマは残した獲物を埋めて、食料がないときに掘り起こして食べる習性があるので、母親の遺体の一部を非常食と考えていたのだろう。

人間の肉の味を覚えたヒグマは、10日の午後８時半、被害者２人の通夜にふたたび姿を現した。ヒグマは、棺桶《かんおけ》をひっくり返して２人の遺体を食べようとしたのだ。

だが、通夜の出席者の１人が銃を発砲したため未遂に終わり、ヒグマはその場から逃げ出した。

その後、ヒグマは午後９時頃に別の民家を襲い、今度は室内にいた子どもたちと女性２人、男性１人に次々と襲いかかったのである。逃げまどう人々は頭や胸などをかまれ、３歳の男の子２人と６歳の男の子、そして妊娠中だった女性と胎児が死亡し、３人が重傷を負った。

走りや木登り、泳ぎも得意。川をそ上するサケを待ち伏せして捕食することもある。

このとき、妊娠中だった女性は「腹破らんでくれ！　のど喰って殺して」と必死に叫んだが、生きたまま上半身を食べられ、胎児はヒグマによってかき出されてしまっていたという。

小さな村で起こった悪夢の惨劇《さんげき》から数日後、このヒグマは討伐隊によって殺された。事件を風化させないためにと、苫前地区には当時の事件現場を山奥に再現した「三毛別ヒグマ事件復元現地」と、ヒグマの剥製などを展示している「苫前町郷土資料館」があるので、興味がある方は一度訪れてみるといいだろう。

また、1970年7月25～27日には、北海道の日高山脈を訪れていた福岡大学ワンダーフォーゲル同好会の5人の若者が、登山中にメスのヒグマに襲われる事件も起こっている。

ヒグマは、逃げ惑う5人の若者たちの前に何度も姿を現し、執拗《しつよう》に追いかけ回した。5人は必死にヒグマから逃げようとするも、3人の若者が被害に遭い、遺体で発見された。

遺体は服をはぎとられ、裸にベルトだけを巻いた状態で、顔の半分がなかったり、腸が引きずり出されていたり……。鼻や耳や性器といった突起物がすべて喰いちぎられた、思わず目をそむけたくなるような悲惨な光景であったという。

死亡した3人の死因は、いずれも頚椎《けいつい》骨折および頚動脈《けいどうみゃく》折損《せっそん》による失血死だった。後日、3人を襲ったヒグマは射殺され胃の中を調べられたが、このヒグマに人間を食べた形跡はなかった。

クマ牧場で6頭のヒグマが脱走

さらに2012年4月20日には、秋田県鹿角市《かづのし》にある「秋田八幡平《はちまんたい》クマ牧場」で従業員の女性2人がヒグマに襲われるという事件も起きている。

八幡平クマ牧場ではヒグマだけでなく、ツキノワグマやコディアックヒグマなど35頭ほどのクマが飼育されていた。当時は冬季閉鎖中だったため、3人の従業員が春の営業に向けての準備をしていたという。

しかし、事件当日の午前9時ごろ、2日前の除雪作業でできた雪山があるのに気がつかないまま、従業員がクマを運動場に放してしまった。すると、6頭のヒグマがその雪山を使って堀の外へと脱走してしまったのである。

事故の起きたクマ牧場では、大型種のコディアックヒグマも飼育されたいた。

エサ場で作業をしていた女性従業員Aさん（75歳）は、ヒグマの脱走に気がつくとすぐに「クマが逃げ出した！」と大声を上げたが、外通路でヒグマに襲われてしまった。

その叫び声を聞いて駆けつけた男性従業員Bさん（69歳）はヒグマにかみつかれているAさんの姿を目撃する。このとき、もう1人の女性従業員Cさん（69歳）が奥通路で作業をしていたはずだと思いだしたBさんは、Cさんに呼びかけるもなんの返事もなかったという。

午前10時ごろには警察と救急隊が牧場に到着。その後、猟師の指示で国道から牧場を見下ろせる場所へ移動すると、Bさんたちはそこで驚きの光景を目にする。

なんと2頭のヒグマが、1人の女性の体をまるでエサでも奪い合うかのように引っ張り合っていたのだ。最悪の事態に警察は正午過ぎに猟友会へヒグマの射殺命令を下した。それから激闘が繰り広げられ、すべてのヒグマが仕とめられたのは午後4時を過ぎたころであった。

その後、急いで救急隊が現場に駆けつけるも、AさんとCさんはすでに息絶えており、とくにCさんは顔が判別できないほど食いつくされていたという。

報道によると、このクマ牧場は経営難におちいっており、クマたちは充分なエサを与えられておらず極度の空腹状態にあったとされる。いわば牧場を管理すべき人間側が原因となった事故でもあった。

クマの対処法「死んだふり」は間違い？

このようなヒグマによる被害は世界中で報告されており、人間にとって非常に危険な動物だといえるが、現在は生息域の急激な縮小と密猟などが原因でその数を減らしている。そうした背景もあり、棲家を追われたヒグマが人間の生活圏内に姿を現すことも増えてきている。

つい最近では、2015年9月26日に北海道紋別市《もんべつし》のトウモロコシ畑で体長約2・5メートル、体重約400キロもの巨大なオスのヒグマが捕獲され話題となった。このヒグマは、冬眠前に栄養をたくわえようとしてトウモロコシ畑に入りびたり、栄養満点のトウモロコシをたらふく食べ続けた結果、かなりのメタボな体になってしまったようだ。

では、もしクマに遭遇してしまった場合、どのように対処すればいいのだろうか。

よく死んだふりや寝たふりをすればクマは襲ってこない、などという話を聞くが、これはまったくのウソ。また驚いて大声をあげたり、あわてて走って逃げるのもＮＧである。そんなことをするとクマをかえって興奮させてしまい、襲われる可能性が高くなる。

クマに遭遇したら、まず〝落ち着くこと〟が一番大切だという。そして、クマから目をそらさず、絶対に背中を見せないように、ゆっくりとその場を離れるのだ。

それでも、クマが襲ってきた場合は、うつ伏せになって顔と腹部を地面につけ、手で首の後ろを守る態勢をとるのがいいとされている。いずれにせよ、山に入る際には万が一に備えて、クマ除けグッズを携帯するように心がけよう。

パンク町田's ワンポイント

クマのパワーはすさまじい。そしてなにより頑丈である。たまに、トラはヒグマより強いと早合点している人を見かける。しかし私の見解としては「ノー」だ。

私は以前、飼育下ではあるが、クマが怒ったトラをゴロンゴロンと地面を転がした後、10秒足らずでトラが逃げだしていったのを目撃したことがある。それを見た感じ、まっ向勝負であればどうしてもクマのほうが強そうにしか見えないのだが……。

Denger Animal 05

ヒョウ

【犠牲者続出！ 幼子を狙う狡猾な捕食者】

【生態 DATE】
危険度：★★★
分類：ネコ科
体長：1～1.9m

ヒョウは、アフリカとアジア南部～北部の広い地域に生息しており、さまざまな環境や気候に適応できる順応性の高い動物だ。

生息地によって体の色が異なり、砂漠では淡い黄色、草原では濃い黄色をしているが、共通して体全体に薔薇《ばら》のような黒い斑点《はんてん》があるのが特徴である。

まれに体毛が黒色の個体も見られるようだが、それらの個体もよく見るとほかと同様に、かすかだが黒い斑点が見られる。

ヒョウはネコ科ヒョウ属で、インドに生息するインドヒョウやアフリカ大陸に生息するアフリカヒョウのように、生息する土地の名前で呼ばれるものが多い。

ヒョウの体長は100～190センチ、尾の長さは60～100センチ、体重が30～80キロほどで、メスよりもオスのほうが体が大きい。

基本的に、繁殖《はんしょく》期以外は単独で行動することが多いが、母親と子どもは2年ほどともに暮らす。そして子どもは母親から狩りの仕方や、身を隠しやすい木などの見分け方を学び、立派な成獣に成長していくのだ。

ヒョウはおもに鳥類やサル、スイギュウの幼獣などの獲物を食べるが、捕まえられるものはほとんどなんでも食べる。

ただ、警戒心の強い彼らは、捕まえた獲物をその場で食べることはない。

仕とめた獲物を強力なアゴでくわえて木の上に運んだり、茂みに隠して、他の動物（ライオンやハイエナ、ジャッカルなど）に横どりされないよう、安全な場所に移動してからゆっくりと食事をする。

ヒョウは木登りが得意で、自分の体重の倍以上もある獲物をくわえながらでも、高い木を楽々と登ってしまう。

また泳ぎも得意で、川などに入って魚やカニ、ときには小さなカバを捕えて食べることもある。

ヒョウは身を隠せて狩りができる場所ならば、比較的どのような環境でも生きていける。

そのため、人の生活圏にもたびたび出没し、家畜や人を襲うことがあり、家畜や自分の身を守ろうとする人の手によって命を落とすこともある。

また、その美しい毛皮を目当てに密猟されるケースも多く、ヒョウは近年その数を大きく減らし、現在では絶滅の危機にひんしている。

インドのクマオンでは525人が被害に

ネコ科の猛獣といえば、トラやライオンが思い浮かぶが、実はヒョウによる獣害事件も非常に多い。これまで世界中でヒョウによる被害がいくつも報告されているが、その中でもっとも凄惨な事件といえば、「クマオンの人喰いヒョウ」だろう。

この事件は、20世紀初頭にインドのクマオンで起きたもので、ハンターに傷を負わされて野生動物を狩ることができなくなったオスのヒョウが、少なくとも400人もの人間を喰い殺したというものだ。このヒョウは、1910年にハンターのジム・コーベットによって殺されている。

さらにクマオンでは、同時期に125人もの人間を喰い殺したヒョウも出現しており、2頭による被害者は合計525人にも達した。

125人の人間を喰い殺したヒョウは、伝染病で亡くなった村人の遺体を食べているうちに、人間の味を覚えたといわれている。伝染病がおさまったあとも、人喰いヒョウとなって村を襲い続けたこのヒョウは、1926年にこれまたコーベットに仕とめられている。

ちなみにこのヒョウは体長2・3メートルほどで、牙が1本欠けており、後脚の指も1本なかったという。おそらくこのヒョウも、クマオンの人喰いヒョウと同様、自力で野生動物を狩ることがむずかしかったのだろう。

仕留めた獲物は横取りされないよう木の上に運び、ゆっくりと味わう。

このほかにも、人喰いヒョウによる被害はいくつも報告されており、1972年10月には3人の子どもが犠牲となっている。

インド西部の村に突如現れたヒョウは、なんとわずか8時間たらずのうちに4歳、7歳、12歳の幼い命を奪い、立て続けにさらっていったというのだ。ヒョウにしてみれば、か弱い子どもたちは格好の餌食《えじき》だったにちがいない。

また同じく、インド北部のヒマラヤ山麓《さんろく》では、1978年4月に18人以上の人を喰い殺したとされるヒョウが生け捕りにされ、その後、動物園に送られている。

幼い命を奪う殺人野獣

近年でも、ネパール西部のインド国境付近で人食いヒョウによる被害があいついで起こり、

1年3ヶ月の間に15人もの人間が襲われている。そのうちの10人が10歳未満のまだ幼い子どもたちであった。

15人目の犠牲者は、行方不明になっていた4歳の少年で、2012年11月3日に首都カトマンズから西へ約600キロメートル離れたバイダディ地区の森で少年の頭部だけが発見された。

現場には頭部以外はなにも残されておらず、少年の体はヒョウによってすべて喰いつくされてしまったものと考えられる。

ちなみに、このヒョウは一時期、米CNNや英メール紙などで「マーダラス・ビースト（殺人野獣）」、あるいは「マン・イーティング・レオパード（人喰いヒョウ）」と報じられ、多くの人々の関心を集めて話題となった。

またインド北部のある村では、酒を飲んで帰宅途中の男性があいついで人喰いヒョウに襲われ、2年半の間に13人もの犠牲者を出している。

2012年1月、46歳の男性が10～12歳と思われるヒョウに襲われたのを皮切りに、犠牲者が続出。2014年8月1日には44歳の男性が殺害され、13番目の被害者となった。

このように世界では人喰いヒョウによる被害はとても多く、そしていずれの事件でも複数の犠牲者が出ているという共通点がある。

なぜ、一度人間を襲ったヒョウは、なんども人間を狙うようになるのか。

そのひとつの原因として考えられるのが、人間の〝肉の味〟である。

人間の肉はほかの動物のものに比べると、塩味がきいているとされている。自然界ではなかなか塩分を摂取する機会がない。そこで生きるヒョウにとって、人間は手軽に塩分の補給ができる格好の獲物なのである。

また人喰いとして恐れられるトラやライオン同様に、ヒョウも一度人間の味を覚えてしまうと、次からは獲物として人間を襲うようになる。絶滅が危惧されるヒョウだが、人間の味を覚えたヒョウは生かしておくことはできないのである。

パンク町田'sワンポイント

ヒョウ柄やトラ柄は、各亜種や地域によって微妙に異なっている。たとえば、木が鬱蒼《うっそう》とした地域に行けば行くほど、オレンジ色になり柄は細かくなる。逆に、開けた地域や草むらが多い環境になれば、黄色に近づき柄は大まかになる。それは、人間が3色型色覚（赤・緑・青で認識）を持つのに対し、彼らが獲物とするほとんどの動物が2色型色覚であり、赤錐体《せきすいたい》と呼ばれる赤や黄色の光を見る視細胞を持っていないから。赤錐体がないと、オレンジは深緑と、黄色は黄緑と区別がつきにくく、ヒョウ柄やトラ柄が素晴らしい保護色になるのである。

Denger Animal 06

【サイズも獰猛さも世界最凶クラス】

アフリカニシキヘビ

【生態DATE】
危険度：★★★
分類：ニシキヘビ科
体長：3～9.81m

アフリカ中南部に分布しているアフリカニシキヘビは、アフリカでは最大のヘビである。

この種は、別名「アフリカンロックパイソン」とも呼ばれている。

毒はないが、巨大ヘビの中でもっとも気性が荒く、卵からかえってすぐに攻撃を仕かけてくるほどに獰猛だといわれている。

茶褐色の体に独特な模様が特徴的で、全長は3～6メートルほど。現在確認されている最大サイズは体長9・81メートルだが、なかには15メートル以上もの個体を目撃したという話もある。

アフリカニシキヘビは、有鱗目ニシキヘビ科ニシキヘビ属で、おもに熱帯雨林やサバンナなどの広い地域に分布している。

卵生で一度に20～60個の卵を産み、2～3ヶ月で孵化する。

川や湖、湿地などの近くに生息していることが多い。泳ぎがとても上手く、暑いときほど好んで水の中に入ってすごしている。

この種は、鼻だけを水面に出して獲物を待ち伏せすることもあるが、30分くらいなら潜水も可能だという。

普通の人間が息をとめていられる時間は大体1～2分程度なので、もし水中に引きずり込まれたら、

© 山内宮駿／松本聖水

締めつけで窒息するよりも先に溺死《できし》するだろう。

また、樹上性のニシキヘビと比べるとそれほど頻《ひん》繁《ぱん》ではないが、木に登ることもある。

基本的には夜行性で、狩りは夜に行うことが多く、小型の哺乳類や鳥類を捕まえて食べる。だが、大きな個体がヒョウやジャッカル、ワニなどを呑み込んだという報告もあがっている。

アフリカニシキヘビの襲撃はかみつきから始まり、内側にカーブした鋭い歯としっかりしたアゴで獲物をがっちりと仕とめる。

その後、素早く長い体を巻きつけて締めつける。同時に近くの木に尾を巻きつけ、アンカー（いかり）とすることもある。そして、獲物を呼吸困難にさせて窒息させ、鼓動《こどう》が止まったのを確認してから呑み込むのである。

日本では、アフリカニシキヘビはペットとして飼育することも可能である。だが、特定動物に指定されているため、飼うには自治体の許可を得ることが必要になっている。

大人の男性でさえも難なく丸呑み

人喰いヘビとしての知名度は、アナコンダやアミメニシキヘビのほうが上かもしれないが、実際に人間を呑み込んだとされる事件を多数起こしているのは、実はこのアフリカニシキヘビなのである。

アフリカニシキヘビに人間が襲われた事件は、過去にいくつも報告されている。

1931年には、ビクトリア湖周辺で洗濯《せんたく》をしていた24歳の女性が、アフリカニシキヘビに絞め殺されてそのまま捕食されるという事件が起きた。

女性を襲ったヘビは体長4・5メートルほどで、この種にしてはそれほど大きくはないが、胴の直径が40センチもあるどっしりとしたヘビで、女性を丸呑みするには十分な大きさがあった。

ほかにも、1963年5月には、ボツワナで生まれて間もない幼児が、村に棲みついていた巨大なアフリカニシキヘビに呑み込まれている。一説によると、幼児を襲ったヘビは体長10メートル以上ともいわれている。

1973年には、モザンビークで若いポルトガル人兵士が行方不明となっていたが、その後、巨大なアフリカニシキヘビの胃の中から発見された。

さらに2000年6月には、ケニアで35歳の男性が体長6メートルのアフリカニシキヘビに呑み込まれている。

獲物に巻きつき、窒息させてから、この大きな口でゆっくりと呑み込んでいく。

腹を不自然なまでにパンパンにふくらませたヘビはすぐに発見され、腹の中から被害者の遺体が取り出された。

そして、2002年には南アフリカで友人と果物を探しに出かけた10歳の少年が、6メートルものアフリカニシキヘビに襲われて死亡している。

このとき、一緒にいた友人はなす術《すべ》もなく、被害者がヘビに呑み込まれていくのを、ただ震《ふる》えながら見ているしかなかったという。

また、捕食こそされてはいないが、2013年8月5日にカナダ東部ニューブランズウィック州キャンベルトンで、5歳と7歳の男児がアフリカニシキヘビに絞め殺されるといういたましい事件も起きている。このニュースは、日本でもとり上げられ話題となった。

事件当初は、ペットショップから脱走したアフリカニシキヘビが店舗上階のアパートの一室に忍び込み、寝ていた子どもたちを襲ったとされていた。しかし、後の調査によってヘビは子どもたちが泊まっていた友人の家で、無許可に飼育されていたものであると判明した。

このように、アフリカニシキヘビに襲われたという事件は数多く報告されている。実際に飼う場合には、非常に取り扱いがむずかしい動物であるということがわかるだろう。

しかし、なぜヘビは自分よりも大きな獲物を簡単に呑み込むことができるのだろうか。それにはヘビの体の構造に大きな秘密があった。

彼らの口の骨格は、上アゴと下アゴの間に方形骨《ほうけいこつ》を間接することで、大幅に可動域を広げている。なおかつ、下アゴの骨が左右2本に分かれて靭帯《じんたい》でゆるくつながっているので、口を大きく開けることが可能なのである。さらに、皮膚は伸縮性があり、肋骨も広げることが可能なため、大きな獲物も難なく丸呑みにすることができるのだ。

まさに彼らの体は、大きな獲物を捕食するために最適な構造になっているといえよう。

ヤマアラシの棘が内蔵に突き刺さり死亡

だがごくまれに、この丸呑みが思わぬ事態を引き起こすこともある。

2015年6月、南アフリカの自然動物保護区エランド湖ゲームリザーブで体長3・9メートルのアフリカニシキヘビが、なにかを呑み込んだまま死んでいるのが発見された。

保護区の管理者が、死因を調べるため膨らんだヘビの体を開いてみると、なんと体重13・8キロのヤマアラシが原型をとどめた状態で出てきた。

通常、このくらいの大きさの獲物ならラクラクと消化してしまえるはずだ。しかし、ヤマアラシを丸呑みしたことで異常にお腹がふくらんでしまい、それを珍しがった多くの人が集まったことで、ヘビが強いストレスを感じていたのだろう。

その場から逃げるために、呑み込んだヤマアラシを吐きだそうとして、内臓に棘《とげ》が突き刺さって死んでしまったのだ。

だまって放っておいてくれれば普通に消化できただろうに、なんとも不運なヘビである。

パンク町田's ワンポイント

ニシキヘビが大きな獲物を丸呑みにできることはあまりにも有名だが、なぜそのように大きな獲物を有効に消化し吸収できるのかは、ほとんど知られていないので、ここで簡単に説明しよう。ニシキヘビが獲物を呑み込むと、消化吸収効率を上げるために小腸、心臓、肝臓、腎臓を平常時の1・3～2倍に大きくすることができる。だから丸呑みにした獲物を難なく消化することができるのだ。

Denger Animal 07

【純白の毛皮におおわれた最強の肉食獣】

ホッキョクグマ

【生態DATE】
危険度：★★★★
分類：クマ科
体長：1.8～2.5m

ホッキョクグマは、動物界脊索《せきさく》動物門哺乳綱食肉目クマ科クマ属で、北アメリカ大陸北部やユーラシア大陸北部、北極圏の水域や沿岸といった地域に生息している。

体長は1・8～2・5メートル、体重はメスが150～300キロ、オスが400～600キロほどで、最大で800キロに達する個体もいるという。

体つきは全体的にスリムで、ほかのクマに比べると頭部が小さく、クビが長いのが特徴で、皮膚や舌はまっ黒な色をしている。

足裏の肉球をおおう長い毛は、防寒と滑り止めの役割をしている。

ホッキョクグマは、シロクマと呼ばれるだけあって全身の毛がまっ白なのが最大の特徴でもあるが、実は彼らの毛は白色ではなく無色透明である。

この毛は、実はストロー状で中が空洞になっているため、太陽の光が反射して白く見えているだけなのだ。

また、この毛の構造は、太陽から受けた熱を逃さずにとどめる断熱材の役割を果たし、泳ぐ際の浮力にもなっているのではないかと考えられている。

ちなみに、よくホッキョクグマの毛が黄色っぽく見えたりするのは、夏に汚れや油脂が酸化するからだとされている。

また、それと似たような理由から、夏場の動物園ではコケや藻《も》が増殖《ぞうしょく》したプールに入ったホッキョクグマが緑色になって、シロクマならぬ〝ミドリグマ〟になっている姿もときどき見ることができる。

そんなホッキョクグマは、泳ぎも潜水も得意で、水中に潜ってアザラシなどの獲物を捕まえる。大きな前脚を使い、時速10キロものスピードで泳ぐことも可能だという。

だが、彼らの狩りは水中だけにとどまらない。すぐれた嗅覚で、アザラシが呼吸のために浮上してくる穴を見つけて、その穴のそばで待ち伏せしたり、走って陸上のトナカイを捕まえたりもする。

ホッキョクグマは、雑食性のクマの中でもっとも肉食性の強い種でおもにアザラシなどを捕食しているが、セイウチや鳥類、クジラなどの死骸《しがい》も食べる。

だが、夏の間など、食べ物の少ない時期は長い期間の絶食にも耐えることができる。その間に口にするのは海藻やコケ、果実といったわずかな食事だけで、長いときには6ヶ月ほど生きることが可能だ。

電気柵を突き破りホッキョクグマが侵入

全身をまっ白な毛でおおわれ、つぶらな瞳《ひとみ》がなんとも愛くるしい、動物園で人気者のホッキョクグマ。しかし、そのかわいらしい見た目とは裏腹に、ホッキョクグマは陸上に棲む最大最強の肉食獣で非常に危険な動物でもあるのだ。

近年では、残飯を漁りに人間の生活圏にも姿を現すことがあり、人との接触が増えてきている。実際にノルウェーなどでは、キャンプ客がホッキョクグマに襲われたという事例も報告されている。

２０１１年8月5日、北極圏にあるスバルバル諸島の氷河でキャンプをしていたイギリスの高校生らが体重２５０キロのオスのホッキョクグマに襲われた。

イギリスでは、高校生を対象に行われている「探検集団」というツアー企画があり、今回は13人が参加し、氷河や野生動物の観察をしていたという。

参加者たちは7月27日に、1・5キロメートルほど離れた氷河の上にホッキョクグマがいるのを確認していた。だが、通常ホッキョクグマの生息圏ではテントの周囲に電気柵を張るのが当たり前となっており、今回もその柵が設置されていたため全員そのままキャンプを続けたのだ。

しかし、8月5日の朝、そんな楽しいキャンプ地に悲鳴が響きわたった。柵になんらかのトラブルがあり通電されていなかったのか、無理やり突き破ったのかは不明だが、ホッキョクグマが学生たち

優れた嗅覚でアザラシが呼吸のために浮上してくる穴で待ち伏せすることもある。

の寝ているテント内に侵入してきたのだ。

ホッキョクグマは、まずテントの中で寝ていた17歳の少年に襲いかかり、そして同じテント内にいた16歳の少年ともう1人にも次々と襲いかかった。

異変に気がついて目覚めた16歳の少年が目を開けると、すぐ目前に鼻の周りを血だらけにしたホッキョクグマの大きな口が見えた。少年はこのとき、とっさに死を覚悟したという。

ホッキョクグマに前脚で叩かれた少年は、その衝撃で寝袋の外に腕が出てしまったところを襲われた。

ひじのあたりにホッキョクグマの歯を感じた瞬間、少年は骨がかみ砕かれていくのを感じた。そして、さらに頭にもかみつかれた少年は、自分のずがい骨が凄まじい力でかみ砕かれていく音を聞いたというのだ。

だが、少年はそれでも生きることをあきらめなかった。耳元で恐ろしいうなり声を聞きながらも、少年はホッキョクグマの頭を何度も殴って引きはがそうと死に物狂いで抵抗したのである。

すると、そこへ騒ぎに気がついた引率者2人が駆けつけ、その場でホッキョクグマを射殺した。

この事件で、最初に襲われた17歳の少年が死亡し、16歳の少年は頭を20針縫い、左目は斜視《けいし》になる重傷を負った。そして、同じテントに寝ていたもう1人も重傷を負い、救助に駆けつけた2人もまた傷を負っている。ちなみに、16歳の少年のずがい骨には、かみつかれた際に抜けたホッキョクグマの歯が数本刺さっていたという。

その後、射殺されたホッキョクグマを検死した結果、クマの牙は腐って神経が露出した状態であったことがわかった。そのため、今回の事件は、満足に獲物を獲ることのできなくなったホッキョクグマが、極度の空腹から人間を襲ったのではないかと考えられている。

絶滅が危惧されるホッキョクグマ

同島では、さらに2015年3月19日にも皆既日食《かいきにっしょく》の見学ツアーへ参加していたチェコ人男性がホッキョクグマに襲われている。

男性は友人5人と2つのテントを張り、それぞれに分かれて寝ていた。するとテント内に侵入してきたホッキョクグマが寝袋で寝ている男性にいきなり襲いかかってきたという。

突然のホッキョクグマの襲撃に驚いた男性たちが必死に抵抗していると、騒ぎを聞いて駆けつけた友人が銃でクマを撃ち、追い払った。

顔や腕に傷を負った男性は、すぐにヘリコプターで病院へ搬送されたが、さいわい命に別状はなかった。そして間もなくして、傷を負ったホッキョクグマは地元当局により射殺されたという。

そんなホッキョクグマも近年では地球温暖化や北極圏の環境悪化で、徐々にその数を減らしている。しかも気温の上昇にともない、北極の氷が溶けてしまっている影響で、アザラシなどの獲物を捕らえる機会が減り、同族殺害が増えているというのだ。

２０１１年にはイギリスの写真家ジェニー・ロス女史が、オスのホッキョクグマが子グマを殺して捕食している様子をカメラに収めている。

パンク町田'sワンポイント

ホッキョクグマは、今、絶滅が危惧されている。地球温暖化もその原因の一つだ。それとは別に、塗料などさまざまなものに混入されている有毒物質であるポリ塩化ビフェニルの被害により、ホッキョクグマのペニスが骨折しやすくなっているのだ。ポリ塩化ビフェニルの濃度が高い個体群ほど陰茎骨《いんけいこつ》の骨密度が低いことから、関連性があるものとみられている。

Denger Animal 08

トラ

【人間は食料！　一撃必殺の華麗なハンター】

【生態 DATE】
危険度：★★★★
分類：ネコ科
体長：1.4 ～ 2.8m

トラは、ネコ科ヒョウ属に分類されるネコ科最大の肉食動物である。

トラの仲間は、かつて8亜種が確認されていたが、1950年代にカスピトラ、バリトラ、ジャワトラの3亜種が絶滅。現在では、スマトラトラ、アモイトラ、シベリアトラ、マレートラ、ベンガルトラの5亜種を残すのみになっている。

現存しているトラの中では、ベンガルトラがもっとも多く生息しているが、どの種も年々個体数が減る一方で、絶滅の危機にひんしている。

個体数が減っている原因は、美しい毛皮を狙った密猟や大規模な森林伐採による生息地の獲物の減少とされている。

また、地域によってはトラのひげや骨などを貴重な薬としているため、密猟も後を絶たない。

以前は、ベトナム東部より西でも生息が確認されていたが、現在ではインド、東南アジア、アジア北東部、中国東北部、シベリアの森林や湿地帯などに生息している。

トラの大きさや体の色、模様は亜種によって多少異なるが、平均的な体長は140~280センチほど。トラのなかでも大型のベンガルトラとシベリアトラのオスは、大きな個体になると3メートルを超すものもいる。

体重は100〜300キロほどである。

学校の体育館などに設置されているバスケットゴールの高さが305センチなので、それよりも大きなトラが存在するということだ。

体毛は、背面の毛が黄色やオレンジ色だが、腹面や四肢の内側の毛は白色で、体全体に黒い横縞《よこしま》が入っている。

また、まるで歌舞伎の隈取《くまどり》のような顔の模様も特徴のひとつである。トラは顔や体にあるこの縞模様のおかげで、ジャングルや藪《やぶ》の中で周囲に溶けこむことができ、獲物に気づかれることなく、忍び寄ることができるのだ。

トラは、一度に40キロもの肉を食べることがあるため、3〜6日ごとに狩りを行うが、実にさまざまな動物を獲物とする。

スイギュウやイノシシ、サル、鳥類以外にも、ゾウやサイの幼獣、ワニやヘビなどの爬虫類。さらには魚類や昆虫にいたるまで、食べられるものならほとんどなんでも食べてしまう。

スイギュウを一撃で即死させるパワー

トラの狩りは一瞬だ。

長距離から走って獲物に襲いかかるライオンとは違い、トラは獲物に気づかれないよう慎重に忍び寄って後方から一気に襲いかかる。

そして、引き倒した獲物ののどにくらいつくか、鼻づらをかんで窒息させる。もしくは、あごの後ろにかみつき脊髄《せきずい》神経を切断して、とどめを刺すのだ。

そんな華麗なるハンターであるトラの前肢は、後肢よりもかなり発達しており、そこからくり出される攻撃は非常に強力だ。その威力は凄まじく、大型のスイギュウの頸《くび》をたった一撃で捕えて即死させてしまうほどのパワーを秘めているという。

また、トラは攻撃力だけでなく跳躍《ちょうやく》力にもすぐれており、その一跳びはなんと10メートルにも達し、ほんの一瞬で獲物との距離を縮めてしまうのだ。

ネット上では、ゾウに乗っている人に向かって、草むらから突然跳びかかってくるトラの様子を撮影した映像を見ることもできるが、そのジャンプ力には、ただただ驚かされる。

もちろん、日本ではそんな状況はありえないことだが、インドとバングラディッシュにまたがる広大なデルタ地帯では、トラによる被害が非常に多く報告されている。

独特のトラ柄模様には、獲物から姿を隠す迷彩効果がある。

しかも驚くことに、その一帯では日常的にトラが人間を襲い、食料として捕食しているというのだ。

史上最大の獣害事件

そんなトラによる人喰い被害でもっとも有名な事件といえば、20世紀初頭に起きた「チャンパワット・タイガー」のほかにはないだろう。

これは、たった1頭のメスのトラが、約8年の間に436人もの人間を喰い殺したという、背筋の凍《こお》るなんとも恐ろしい事件である。

ネパールに現れたトラは、まずそこで200人を喰い殺し、4年後にクマオンへ移動して、さらに4年間の間に236人もの人間を喰い殺したという。

長年、人々に恐怖を与え続けてきたこの人喰いトラは、1911年にハンターのジム・コーベットによって射殺された。そしてその後、映画『クマオンの人喰虎』のモデルにもなった。この事件は、1頭の動物によってもっとも多くの犠牲者を出した獣害事件として公式に記録されている。

このほかにも、トラによる被害は枚挙にいとまがない。

1869年には、インド東部のガンジス川下流のデルタ地帯で、129人もの人間がメスのトラに喰い殺されている。

また、日本でも1997年8月2日に、群馬県の群馬サファリパークで老夫婦がトラに襲われて死亡するという事件が起きている。

事件当日、老夫婦とその家族の7人は2台の車に分かれて園内を回っていた。

しかし、トラのエリアで同乗していた孫が急にぐずりだしてしまった。なかなか泣きやまない孫を見かねた祖母は、前方の車にいる母親に孫を預けようと車を降りてしまったという。

獰猛な肉食動物がうろつく中、柵もオリもない状況で車の外に出るなど、冷静に考えれば危険であることもわかるだろうが、ぐずる孫を早く安心させてやりたかったのだろう。女性は車外に出たところを、すぐ近くにいたベンガルトラに襲われてしまったのだ。

それを見た祖父は、あわてて車を降りて妻を助けようとしたが、当然人間が素手でかなう相手ではない。男性もまたベンガルトラに襲われ、夫婦そろって喰い殺されてしまったのである。孫は従業員によって助けられ、無事であった。

一跳び10メートルにも達する優れた跳躍力で、一瞬で獲物との距離を縮める。

２００７年12月19日には、インド・アッサム州のグワーハーティ動物園で50歳の男性客がベンガルトラに襲われている。

男性は妻と2人の子どもと動物園を訪れ、携帯電話でトラを撮影していたが、より近くから撮影しようと手前にあった柵を自ら乗り越えた。

そして、鉄オリの間から左腕を差し入れてトラを撮影しようとしていたところを、近づいてきたメスのトラにかみつかれてしまったのだ。さらに最悪なことに、同じオリに入れられていたオスのトラも、メスと一緒になって男性に襲いかかってきたという。

事態に驚いた男性の家族が、悲鳴を上げて周囲に助けを求めると、近くにいた来場客や駆けつけた職員が必死に男性の救出を試みた。

だが、トラは男性の左腕に喰らいついたまま放そうとはせず、男性を救出できたのは左腕を喰いちぎられた後であった。男性はただちに病院へ搬送されたが、出血多量により死亡している。

タイやインドで相次ぐ被害

トラによる被害はこれだけではなく、2012年にはマレーシアと国境を接するタイ深南部ヤラー県ベトン郡で連続して事件が起こっている。

11月29日、天然ゴム農園で作業をしていたタイ人の44歳男性の遺体が見つかった。男性の遺体は頭部がなく、腹部が食いちぎられており、周辺にはトラのものとみられる足跡が残っていたという。

さらに12月4日、またしても天然ゴム農園で作業していたタイ人の43歳女性がトラに襲われた。近くにいた44歳の夫が、木に登り散弾銃《さんだんじゅう》でトラを撃退しすぐに妻を助けたが、女性は搬送先の病院で息を引き取った。

また、2013年12月~2014年2月にかけてインド北部の都市近郊でも、8人の村人が相次いでトラに襲われる事件が起こっている。

襲撃直後に村人がトラを追い払ったケースを除いた3件では、被害者は体の一部をトラに食べられていたという。

1月7日に被害に遭った18歳の女性は、食用のサトウキビを取るためにひとりで茂みに入ったきり、行方がわからなくなっていた。女性を探しにいった人々が、地面に残された血だまりを見つけ、その血痕をたどっていくと、100メートルほどしたところで女性をくわえているトラを発見した。

驚いたトラは、女性をその場に置いて逃げ去って行ったが、女性はすでに死亡しており、体の一部を食べられていたという。

なお、一度人の味を覚えたトラは、その後も人間を襲う危険性が高いとされる。絶滅危惧種ではあるものの、そのまま野放しにしておくにはあまりに危険すぎる。そのためハンターが探し出して射殺することもあるようだ。

しかし、動物園などでの被害は、人間側の軽率な行動と危機感のなさが招いたものともいえる。動物園やサファリパークなどに行った際は、自分の行動に責任を持って十分に注意する必要があるのだ。

パンク町田'sワンポイント

スマトラの奥地グヌンレウセル国立公園で、2013年7月4日、スマトラトラに1名が殺害され、残りの4名は木に登った状態で4日間野宿して逃げおおせた話はご存じだろうか。実は私、数日前までスマトラトラの調査で同地域で野宿していた。しかも地べたで！私の体重では木に登ることは不可能。もう数日、調査が長引けば、餌食となったのは私だったのではなかろうか……。

Denger Animal 09

ブチハイエナ

【骨までむさぼる〝草原の掃除屋〟】

【生態 DATE】
危険度：★★★
分類：ハイエナ科
体長：1.2 ～ 1.6m

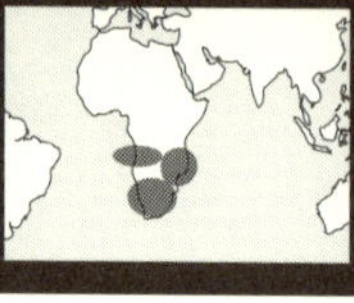

ブチハイエナは、哺乳綱ネコ目（食肉目）ハイエナ科ブチハイエナ属で、ハイエナ科の中では最も大型で、砂色や灰褐色の毛に、黒っぽい茶色の斑点が特徴的である。

外見はまるで大型のイヌのようだが、実際は食肉目ハイエナ科でイヌとはまったく異なる種であり、特徴的な斑点は年とともに消えていく。

大きな頭に強靭《きょうじん》なアゴを持つブチハイエナは、前肢が後肢よりも長い。

そのためちょっと不格好で独特な歩き方をするが、足が速く長距離もお手のもの。

現在はアフリカ大陸（サハラ以南や熱帯雨林、南部を除く）に生息しており、体長は1・2～1・6メートル、体重は40～85キロほど。

メスのほうがオスより一回り体が大きく、大きな外部生殖器がオスのように見えるため、昔は両性《りょうせい》具有《ぐゆう》だと思われていた。

こうした形状のため、出産が困難で正常な出生率はきわめて低い。第一子の半数近くは死産、もしくはまもなく死亡するという。

また、ブチハイエナは12種類もの鳴き声を使い分けて、お互いにコミュニケーションを取っているといわれている。

なかでもよく知られているのが、まるで人間が

笑っているかのような奇妙な鳴き声だろう。この変わった鳴き声からブチハイエナは、別名「ワライハイエナ」とも呼ばれている。

ハイエナといえば、ほかの動物の食べ残しばかり食べているイメージがあるが、実際は、獲物の60パーセント以上は自分たちの力で捕まえて食べている。他の動物の獲物を横取りすることのほうが少ない。それどころか、ライオンのほうがブチハイエナの獲物を横取りすることが多いのである。

ブチハイエナはメスが中心となって群れを作り、連携して狩りを行う。

主にガゼルやシマウマなどを捕食するが、ときにはゾウやライオンなどの子どもを襲うこともある。また、単独で狩りを行う場合は、比較的捕まえやすいウサギ類や地上性の鳥、魚、昆虫類などを狙うことが多い。

小臼歯《しょうきゅうし》は頑丈で、アゴの力もかなり強い。骨までかみ砕いて食べるが、消化できない部分は後から吐き出すという。

無防備に寝ている人間に喰らいつく

ブチハイエナは、ほかの動物の獲物を横取りし、死肉をむさぼる卑怯《ひきょう》な動物だというイメージが強く、なにかと悪役にされることが多い。

実際、世界中の多くの人々に知られているディズニー映画『ライオンキング』でもブチハイエナはヒール役扱いされているが、本当はそれほどイヤなやつでもないようだ。

食欲旺盛《おうせい》なブチハイエナは、自分たちよりもずっと体の大きなヌーでさえ、わずか数時間で骨も残さず食べつくしてしまう。その食べっぷりは、まさに「草原の掃除屋」というのにふさわしい。

アフリカに住むマサイ族には、そんなブチハイエナの特性を活かし、人間の遺体をすべてきれいさっぱり食べさせる風習がある。確かに、彼らに任せれば骨もなにも跡形もなく食べつくしてくれるだろうが、日本では考えられない驚きの方法である。

このように、良くも悪くも人間と関わりが多い分、ブチハイエナに人間が襲われることも少なくはない。特にアフリカ大陸にあるマラウイでは、ブチハイエナが人間を喰い殺した事件がいくつも報告されている。それらは共通して、暑くて乾燥した時期、それも夜間に頻発《ひんぱつ》している。

初めて事件が報告されたのは1955年。就寝中の大人と子どもがブチハイエナに小屋から引きずり出され、喰い殺された。この地域ではこの事件を皮切りに、それから5年間に、子どもを中心とし

メスが中心となり群れを作り連携して狩りを行う。骨までかみ砕くほどアゴの力が強い。

た27人の犠牲者を出している。

いずれの被害者も、暑さをしのぐためにベランダで寝ているところをブチハイエナに襲われてしまったようだ。

無防備に寝ている人間を襲うのは、彼らにとって実にたやすいことであっただろう。

ブチハイエナは、ベランダから人々を引きずり出し、茂みの中へ運び、ゆっくりとそのご馳《ち》走《そう》をむさぼりつくしたのである。

日本のように冷房器具などない地域では、外で寝るしか暑さをしのぐ術はなかったのだろうが、まさか就寝中に襲われるなどとだれが想像するだろうか。

目を覚ますと、目の前に牙をむいた捕食者がいたらと思うと恐ろしくて仕方がない。

また、ケニアではラクダの番をしていた少女がブチハイエナに襲われている。

ウトウトと昼寝をしていた少女は、突然、顔に激痛を感じて飛び起きた。すると、なんと目の前に自分の顔の肉を喰いちぎったと思われるブチハイエナが現れたのだ。

あまりのことに驚いた少女が悲鳴をあげると、その声を聞いた人々がすぐに駆けつけ、ブチハイエナを追い払った。さいわい、すぐに助けが来たため少女は命に別状はなかったものの、もし1人だったら最悪の結果になっていたかもしれない。

このほかにも、1955年には2件の被害が報告されている。

1件目はセレンゲティ近くで起こったもので、テントの中にいたアメリカ人旅行者が突然侵入してきたブチハイエナに外へと引きずり出され、顔と手をかまれている。

そして2件目は、家の外で寝ていたアフリカ人が鼻と歯、舌、下アゴの大半をかみちぎられるというもので、いずれも大ケガは負ったが命に別状はなかったという。

人のものを横取りする狡賢《ずるがしこ》いイメージは誤解だったものの、これらの事件を見てわかるように、ハンターとしてのブチハイエナを侮《あなど》ってはいけない。彼らは常に、虎視眈々《こしたんたん》と獲物を狙っているのだ。

ブチハイエナをペットとして飼う人々

しかし、アフリカで暮らすナイジェリア人の中には、そんな危険なブチハイエナをペットとして飼う屈強な男たちがいるという。

いくらペットと言ってもそこは凶暴な肉食獣、私たちが飼っているネコやイヌとは扱い方がだいぶ違うようだ。

現地で飼われているブチハイエナは頑丈な太い鎖でつながれ、口はかみつかないようこれまた頑丈な轡《くつわ》をはめられている。

やはり人間が手なずけるには無理があるのだろう。飼い主の手には長い棒が握られている。

なぜそこまでして危険な動物を飼おうとするのか、ちょっと理解しがたいが、ナイジェリアの人々はブチハイエナ以外にも気性のあらいヒヒを飼う人もいるようである。

世界にはとんでもない物好きもいたものだ。

パンク町田'sワンポイント

私もハイエナにかまれた経験をもつが、かなり痛く血がドバドバ出た。しかし、ザンビアにはものすごい男がいたのだ！　男はハイエナに自分の一部を食べさせれば金持ちになると祈祷《きとう》師に診断され、全裸で茂みに向かい足の指３本とペニスをハイエナに与えたのだ。それは２０１４年４月のことだから、きっといま彼はそこそこの金持ちになっているはずだ。

Denger Animal 10

オオアナコンダ

【人間を丸呑みにするアマゾンの帝王】

【生態 DATE】
危険度：★★★
分類：ボア科
体長：4 ～ 9m

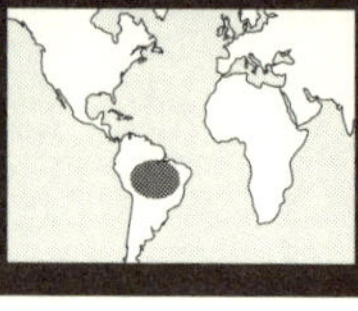

ヘビ亜目ボア科のオオアナコンダは、南アメリカ大陸北部に分布する大型のヘビである。

おもに南米のアマゾン川流域、トリニダード島といった地域に生息している

ただたんにアナコンダと表記される場合は、ほとんどがこの種のことを指すことが多い。

オオアナコンダは「川に棲むボア」といわれるほど水が大好きなヘビで、陸上よりも水中にいるほうが動きが素早い。そのため、獲物を捕まえるときは水中で待ち伏せして、一気に飛びかかり捕食することが多い。

彼らは目と鼻が頭の上面（背面）にあるので、身を沈めた状態でも、水中から頭の先だけを出して獲物を確認することができる。

オオアナコンダは、哺乳類や鳥類、魚類だけではなく、淡水に棲むカメやカイマン（アリゲーター科のワニ）など、基本的には動物ならなんでも食べる。

過去には、死んだオオアナコンダの腹のなかから、同じくらいの同種が発見されたこともあった。

平均的な体長は4～6メートルほどで、現在確認されている最大サイズは9メートル。これは世界最長といわれるアミメニシキヘビの最大サイズ9・9メートルに次ぐ大きさである。

9メートルというとなかなかイメージができない

が、運動会などで使われる玉入れのカゴの高さが4メートルほどなので、その2倍以上の長さがあるといえば、その巨大さが想像できるだろう。

体重は5メートル以上の個体であれば100キロを超えることも珍しくはなく、体重に関してだけいえば、ヘビの中でもっとも重い種となる。

そのため、オオアナコンダはアミメニシキヘビと並んで世界最大のヘビと呼ばれているのだ。

体つきは全体的にどっしりとしており、胴体は他のヘビに比べるとかなり太めで、体の色はオリーブ色もしくは緑褐色や褐色、暗緑色をしている。眼は上向きで突出し、鼻孔《びこう》は頭の背面についている。

体中に黒い大きな斑紋があり、ほかの種よりも大きめな頭と眼から口角にかけて一本の黒い線が入っているのも特徴のひとつである。

ペットとして飼育されることもあり、日本にも輸入されている。特定動物に指定されているため、飼育には地方自治体の許可が必要である。

オオアナコンダに自ら呑みこまれた男

巨大なアナコンダが次々と人々を絞め殺し、呑み込んでいくパニック映画といえば、１９９７年に公開された『アナコンダ』を思い浮かべる人は多いだろう。

この映画によって、オオアナコンダは恐ろしい人喰いヘビだというイメージが世間に定着したが、実際のところはどうなのだろうか。

調べてみると、オオアナコンダに人間が絞め殺されたという事件はいくつも報告されているが、丸呑みされたという事例は意外にも少なかった。その理由としては、小柄な女性や子どもを除くと、人間は肩幅があって呑み込みにくく、呑み込むのに時間がかかるからではないかと考えられている。

そんなオオアナコンダに自ら呑み込まれ、生きたまま体内の様子を実況しようという男が現れた。

このなんとも無謀《むぼう》なチャレンジを考えた人物は、アメリカの生物学者のポール・ロソリー。

この前代未聞の試みは多くの人々の関心をひきつけ、２０１４年12月にアメリカのディスカバリーチャンネルの特番で大々的に取り上げられることとなった。

実験は医師が見守るなか、オオアナコンダの攻撃から身を守るための特殊な防護服を着て行われた。

しかし、体長6メートルのオオアナコンダがロソリー氏の頭にかみつき、じわじわと呑み込みはじめて間もなく、あまりの強力な締めつけに腕の痛みを訴えたロソリー氏。

4人がかりで持ち上げられるアナコンダ。確認されている最大サイズは9メートルだ。

実験は開始早々に中止され、あまりに肩すかしな結果に、期待していた視聴者からは批判の嵐が巻き起こったのであった。

当事者であるロソリー氏は頭を呑み込まれそうになった際、ヘルメット越しにアナコンダの荒い息づかいと、のどを鳴らす音を聞いたという。生きたまま呑み込まれるという実験は見事に失敗に終わったが、実際に締めつけられたときの恐怖は相当なものだったであろう。

さてここからは、実際にオオアナコンダに人間が丸呑みにされたという事例をいくつかご紹介していこう。

ひとつめの事件は1956年、エクアドルの川で泳いでいた13歳の少年がアナコンダにさらわれたというもの。一緒にいた友人が、少年の姿が見えなくなったので潜って探したところ、水中に巨大なアナコンダを確認している。

その後、被害者の父親が息子の仇《かたき》を討つためにアナコンダを探し回っていたところ、川岸に体を半分出して休んでいるアナコンダを発見し、ライフルで仕とめたという。アナコンダの大きさは不明だ。

ふたつめの事件は1990年9月27日、ブラジル南部マット・グロッソの奥地で起きている。地元の農夫たちがアマゾン川で漁をしていたところ、川でなにか大きなものが跳ねたような音が聞え、その直後にだれかの叫び声が聞こえた。その声に驚いた人々が振り返ると、体長10メートルもあろう巨大なアナコンダが1人の農夫に巻きつき、水の中へと引きずり込もうとしていたのである。

農夫を絞め殺したアナコンダは、ゆっくりとその体を呑み込みはじめたが、岸辺にいた他の者たちは成す術もなく、ただふるえながらその光景を見ていることしかできなかったという。

農夫が襲われてから約10分後に、アナコンダはライフルで射殺されたが、農夫の体はすでに大蛇の胃の中であった。

いくら呑み込まれた事例が少ないとはいえ、やはり巨大なオオアナコンダにとっては私たち人間もときとして獲物になり得るのである。

オオアナコンダから孫を救い出したおじいちゃん

しかしブラジルには、オオアナコンダから孫を救い出したパワフルなおじいちゃんがいるという。

2007年2月7日、66歳の男性が所有するサンパウロ郊外にある農場を流れる小川の近くで、友達と遊んでいた8歳の男の子が体長5メートルのアナコンダに襲われた。

男の子の悲鳴を聞いて駆けつけた男性は、孫を助けるために自らも小川に入ってアナコンダを引きはがそうとした。しかし、アナコンダは男性にも巻きついて締めつけてきたという。

それでも男性はひるむことなく、石やナタを使って30分近くアナコンダと格闘し、殺害。見事に孫を助けだしたのである。もし男性が孫の悲鳴に気がつかなければ、きっと男の子はアナコンダに呑み込まれてしまっていただろう。

助けられた男の子はその後、「おじいちゃんは僕のヒーロー」だと語っている。自らの命も危険な状況にさらされながらも、アナコンダに立ち向かった男性の勇気はとても真似できるものではない。

パンク町田'sワンポイント

アナコンダは、同じく人喰いの異名を持つアミメニシキヘビと比べると歯が短い。それだけ聞くとアミメニシキヘビに劣っているようなニュアンスを受ける方もいるかもしれないが、実はそうではない。アナコンダのほうがはるかにアゴの力が強く、ガッチリかみつくことができるのだ。

それは、私が身をもって両者を体験しているので、揺るがしがたい事実なのである。

Denger Animal 11

オオカミ

【100人を殺戮したジェヴォーダンの獣】

【生態 DATE】
危険度：★★★
分類：イヌ科
体長：82 ～ 160cm

　オオカミは飼いイヌの先祖で、イヌ科のなかでは最も大型の種である。

　世界には多くの亜種が存在しており、すでに絶滅はしてしまったが、ニホンオオカミやエゾオオカミといった日本に生息していたオオカミも、ハイイロオオカミの亜種である。

　オオカミの仲間の中でもっともポピュラーな種である食肉目イヌ科のハイイロオオカミは、どんな環境にも柔軟に適応できる能力を持っており、かつては北半球の各地に生息が確認されていた。

　だが、毛皮を目的とした乱獲や伐採などの影響で棲家を失い、徐々にその数を減らしていった。

　その結果、現在はカナダや北アメリカ、グリーンランド、ヨーロッパ、アジアの人里離れた地域でのみ生息が確認されている。

　しかし、まれにだが、食べ物を求めて人間の生活圏付近に棲むこともあり、たびたびその姿を目撃されている。

　ハイイロオオカミは地域によって体の大きさがだいぶ異なり、南の個体は小さく、北に行くにつれ大きな個体となっていく。

　平均的な体長は82～160センチ、体重は20～50キロほどで、50キロを超える個体はほとんど見かけることはない。

その名のとおり、密生した灰色の毛でおおわれている個体が多いが、純白もしくは赤、茶、黒色の個体も存在する。

鋭い嗅覚と聴覚を持つハイイロオオカミは通常6〜8頭ほどの「パック」と呼ばれる群れで行動し、仲間と協力して狩りを行う。パックではそれぞれ順位が決められており、上位のものから獲物を食べることができる。

ハイイロオオカミは、自分よりも大きなシカやトナカイなどの大型有蹄類《ゆうているい》を捕食するが、家畜や死肉なども食べる。

その一方で、パックに属さず単独で行動している個体は大きな動物を仕とめるのがむずかしいため、ネズミやウサギなどの比較的簡単に捕まえられる小動物を獲物としている。

また、カナダの西部ブリティッシュコロンビア州ではシカなどの野生動物のほかに、サケやアシカ、フジツボといった海の幸を好んで食べているオオカミも確認されている。

遠吠えをする動物はそれほど多くはないが、これはオオカミの代表的な習性である。仲間とともに生きる彼らはお互いに音や臭い、顔の表情、ボディランゲージなどで意思の疎通をはかるが、広い大地に響き渡る凛《りん》とした〝遠吠え〟はそのなかでももっとも重要なコミュニケーション方法のひとつで、数キロ離れた場所まで届くという。

仲間同士で挨拶をしたり、お互いの居場所を知らせあうだけではなく、ほかのオオカミに自分たちの縄張りを主張したり、近づかないように牽制《けんせい》したりと、遠吠えは実にさまざまな場面で役立つのだ。

中世のパリで恐れられた「狼王クルトー」

警戒心の強いオオカミが自ら人間に近づいてくることはあまりないというが、それでも人間が襲われたという事例はいくつも報告されている。なかでも、オオカミによる人喰い事件でもっとも有名な話といえば、1430年代にパリで起こった事件ではないだろうか。

この事件は、パリで人喰いオオカミのクルトーとその群れが3年間にわたって多くの人々を次々と襲い、そのあげ句、ノートル・ダム大聖堂の聖職者を数十人も喰い殺したという恐ろしい話である。

当時、人喰いオオカミの恐怖におびえて暮らす人々は、いつからか群れのなかでいちばん大きいボスを「狼王クルトー」と呼ぶようになった。ちなみに「クルトー」とは〝切り尾〟という意味だ。

だが、それを快く思わなかった当時のフランス国王シャルル7世は、パリの警備隊長ポワスリエにオオカミたちの撃退命令を下した。警備隊はノートル・ダム寺院広場にたくさんの餌（牛の死骸）を置いてオオカミの群れをおびき出し、姿を現したところを弓矢でいっせいに攻撃した。しかし、狼王とその側近たちは仲間のオオカミの死骸を盾に攻撃をかわし、警備隊に襲いかかった。

数百もの仲間が次々と倒れていくなか、最後まで残ったクルトーはポワスリエをまっ赤な目で睨みつけ、そこからオオカミと人間の命がけの一騎打ちが始まった。両者ともに一歩も引かない緊迫した状況が続くなかポワスリエが槍《やり》でクルトーを突き刺したことで、もはや勝負はついたのかと思われた。

だが、なんとクルトーは最後の力を振り絞ってポワスリエに襲いかかったのだ。クルトーはポワスリエの首を噛みちぎり、両者はそのまま ともに息絶えたのである。

この壮絶な戦いは、今もなお伝説として語り継がれているが、なぜクルトーたちは人喰いに目覚めてしまったのか。それは当時のヨーロッパが戦争の絶えない国だったのが原因だとされている。戦争によって出た多くの死傷者を食べたことでオオカミが人間の味を覚え、人を襲うようになったのではないかと考えられているのである。

子どもや女性を狙う混血オオカミ

そして、この他に多くの犠牲者をだし、オオカミが犯人ではないかと言われていていているのが、フランス・ジェヴォーダン地方に現れた「ジェヴォーダンの獣」である。

これは1764～1767年に2頭のオオカミとみられる動物が60～100人もの人を襲い、喰い殺したという事件である。被害者はみな女性や子どもばかりで、日を追うごとに犠牲者は増え続けるばかりだった。だがあるとき、少女を襲った際に1頭のオオカミが少女の持っていた小さな槍で首を刺され、いったんその場から逃げ出すも、追跡してきた村人にとどめを刺されたのだ。

残ったもう1頭は、その後も人を襲い続けたが、それもさほど長くは続かず村人に殺された。殺されたオオカミの胃のなかからは食い殺された子どもの遺体が発見されたという。オオカミによる襲撃はこれでようやく幕を閉じたが、この2頭のオオカミがまったく人間を恐れなかったことから、2頭は純潔のオオカミではなく、イヌとの混配種だったのではないかといわれている。

ちなみに、この話を基にしたフランス映画「ジェヴォーダンの獣」が2002年に日本でも公開されているので、気になる人は一度観てみてはいかがだろうか。

さて、こうした人喰いオオカミによる被害はすでにニホンオオカミが絶滅してしまった日本ではあまり現実味がないだろうが、世界では近年でもいくつも被害が報告されている。

1962年にはトルコでオオカミの群れがある村を襲い、14人もの村人を負傷させ、9歳の男の子を喰い殺している。このオオカミは一晩の間に4回も攻撃を仕かけてきたという。村人たちは7時間もの間、次々と襲いかかるオオカミの牙から、斧《おの》や鍬《くわ》で必死に身を護り応戦し続けたそうだ。

2005年2月には厳冬のアフガニスタンで山を下りてきたオオカミが村を襲い、4人が喰い殺され、22人が負傷。同年の11月8日には、カナダのサスカチュワン州ウォラストン湖の近くで22歳の男性の遺体が発見されている。

この事件は、遺体の損傷具合から、男性は4頭のオオカミに襲われたとみられている。どうやら男性は自ら食べ物やゴミでオオカミを呼び寄せた可能性が高いとされているのだ。男性は友人たちとともに、以前にもオオカミとかなり至近距離で接触していたようで、この事件はオオカミが人に慣れてしまったために起きた事件ではないかと考えられている。

さらに、2010年3月10日には、アラスカ郊外でジョギングをしていた32歳の女性がオオカミに襲われて死亡している。

生態系のバランスを保つ重要な役割

オオカミはかつて家畜を襲う悪者として大量に殺されたことで、一時は絶滅の危機にひんしたこともあった。しかし近年、アメリカのイエローストーン国立公園では、オオカミの存在が生態系のバランスを保つために非常に重要な役割を担っていることが世界に報告された。

この公園でも、過去に人間の手によってオオカミの排除が行われ、1926年にはすべてのオオカミが姿を消したことがあった。

しかし、最強の捕食者であったオオカミがいなくなったことで、シカが異常に増えてしまった。その結果、公園内の植物がシカに食べつくされてしまうという危機におちいったのだ。さらに植物が減ったことで鳥や小動物なども徐々に姿を消していってしまったのである。

こうした状況を変えるため、1995年にカナダから運ばれてきた14頭のオオカミがイエローストーンに放たれたのだが、それからわずか20年ほどで公園の自然環境が一変した。再び現れた捕食者によって、手に負えないほど増えてしまったシカの数が減った。このおかげで植物がよみがえり、他の動物たちも再び公園に棲みつくようになったのである。

この結果を受け、日本オオカミ協会でも増加してしまったシカやイノシシの数を減らすために、オオカミを山に放とうという計画が立てられているが、これには賛否両論さまざまな声があがっている。はたして日本でも再びオオカミの姿が見られるようになるのか、少しずつ賛成派も増えてはきているものの、今のところ結論は出ていないようである。

パンク町田's ワンポイント

私の飼っているオオカミはメス35キロとオスはシェパードとのハイブリットで58キロでオスは「ワンワン」と犬のように吠える。その2頭を同じオリに同居させておくと、オスが吠えるのにつられ、なんとメスまで「ワン!」と吠えたのである。その後、オスをオリから出すと、メスはまったく吠えなくなった。どうでもいいことだけど、チョッと面白くないですか?

【第二章】

ヒトを喰う海・川の生き物

Denger Animal 12

【世界中の海に出没する恐怖の暴君】

ホホジロザメ

【生態DATE】
危険度：★★★★★
分類：ネズミザメ科
体長：4～7m

ホホジロザメは、ネズミザメ目ネズミザメ科で、ホホの部分が白いことからその名がつけられた。ホオジロザメと表記されることもある。

また、海外では「ホワイト・ポインター」、「ホワイト・デス」、「マン・イーター」など、物騒《ぶっそう》な名前で呼ばれている。

世界中の海域に広く生息しており、おもに北アメリカ、南アフリカ、オーストラリア南部と西部の冷温帯の沿岸や沖合などの海域で多く見られるが、日本近海でも生息が確認されている。

平均的な全長は4～5メートルで、体重は1トンを超える個体もいる。現在確認されている最大サイズは6～7メートルだといわれているが、なかには体長11メートル以上の巨大な個体を見たという目撃情報もあるようだ。

ホホジロザメの歯はナイフのように鋭い正三角形で、一片の歯の大きさが7～7・5センチメートルもある。

歯の縁はのこぎりのようにギザギザになっており、切れ味抜群で、なんと一かみで14キロもの肉を喰いちぎることができるという。

ちなみに、この歯は抜けたり、欠けたりすれば、すぐに予備の歯が生えてくる。これはすべてのサメ類に共通した特徴で、サメの歯は何度でも生え変わ

るのである。

だが、ホホジロザメの驚くべきところは、巨大な体や鋭利《えいり》な歯だけではない。

その皮膚は、無数の硬いエナメル質の歯状突起でおおわれており、まるでヤスリのようにザラザラしている。この皮膚には水の抵抗を減少させる効果がある。サメの水中での素早い泳ぎを陰で支えているのだ。

また、サメは獲物を捕えるソナーの役割をする視力と嗅覚も非常にすぐれている。暗闇のなかでは、人間よりもよく物を認識できるとされており、暗い水中でも色彩をある程度見分けることができるという。嗅覚はきわめて鋭敏《えいびん》で、わずか1滴の血を100万倍以上に薄めても、敏感に察知することができる。

この視力と嗅覚、そして泳ぎに適した〝サメ肌〟という特別な能力で、ホホジロザメは獲物を追い詰める。見た目の迫力だけでなくホホジロザメはさまざまなハイスペックな機能を持った生物なのである。

人間をアザラシと間違えて捕食している？

海面に飛び出した黒い背びれが静かに忍び寄り、容赦《ようしゃ》なく人間に喰らいつく。悲鳴をあげて逃げまどう人々に巨大なサメが次々と襲いかかるパニック映画といえば、スティーヴン・スピルバーグ監督の大ヒット映画『ジョーズ』があまりにも有名だろう。

そして、この映画に登場する巨大な人食いザメのモデルとなっているのが、ホホジロザメである。

ホホジロザメは子どものうちは魚を捕食するが、大人になるとアザラシやアシカといった鰭脚《ききゃく》類を好んで捕食するようになる。そのほかにもクジラやイルカ、マグロ、シュモクザメ、メジロザメ、エイ、ウミガメ、大型のイカ、そしてカモメやカツオドリなどの海鳥から海面に浮遊している死骸《しがい》やゴミまで……とにかくなんでも食べる。

ホホジロザメが人を襲う理由としては、黒いウェットスーツを着たスキンダイバーやサーファーをアザラシと間違えてしまうからではないかと考えられており、実際に日本でも被害が起きている。

1992年3月8日、愛媛県松山沖で潜水夫の41歳の男性がタイラギ貝漁中にホホジロザメに襲われて死亡した。海底でホホジロザメと遭遇した男性は、海上にいる船へすぐに引き揚げるように連絡。連絡を受けた船長ら2人がすぐに水深20メートルの海底にいた男性を引き揚げた。

しかし、揚がってきたのは潜水服の一部だけで、そこに男性の姿はなかったという。

鋭敏な嗅覚は、わずか1滴の血を100万倍以上に薄めても察知できるほどだ。

回収された潜水服は下半分が左足の部分を残して、引きちぎられたようになっており、潜水服とヘルメットの接合部分の金具からホホジロザメのものとみられる歯の一部が発見された。

潜水服に残された歯型などから、男性を襲った個体は体長5メートルほどある巨大なホホジロザメではないかといわれている。

また1995年4月9日には、愛知県伊良湖《いらご》沖でミル貝漁をしていた男性が突然サメに襲われて死亡している。

引き揚げられた男性の体には、体長6メートルほどのホホジロザメが喰らいついており右肩から腹部にかけてかまれ、右腕は喰いちぎられていた。男性は、ほぼ即死状態であったという。

ほかにも、つい最近オーストラリアで日本人男性が被害に遭っている。

2015年2月9日、オーストラリア東部

ニューサウスウェールズ州バリナにある人気の観光スポット「シェリービーチ」でサーフィンをしていた41歳の男性がサメに襲われた。

東京都出身の男性はオーストラリアでの生活が長く、数年前からは清掃の仕事をしながら、バリナで独り暮らしをしていたという。サーフィン愛好家だった男性は、この日もサーフィンを楽しむために海を訪れていたが、ボードの上に座っていたところを突然現れたサメに襲われてしまったのだ。

男性は、近くにいた友人たちによってすぐにビーチまで運ばれたが、両足を喰いちぎられていたため、間もなく出血多量で死亡が確認された。目撃者によると、体長3・5～4メートルほどのホホジロザメに襲われたという。そばにいた友人は「一瞬の出来事だった」とそのときの恐怖を語っている。

このバリナでは、2008年にもシェリービーチの南に位置するノース・ウォールで16歳のサーファーの少年がサメの餌食《えじき》となっていた。今回の事故で犠牲者が2人も出たことになる。

またこの事件の前日には、現場から20キロメートルほど離れたセブンマイルビーチでも外国人男性がサメに襲われ、背中や臀部《でんぶ》に傷を負っている。このときはさいわい大事には至らず、男性は自ら車を運転して病院へ向かったという。

オーストラリアやアメリカで頻発する被害

ちなみに、海外ではオーストラリアやアメリカでのサメ被害が特に多く報告されている。

２０１1年2月17日、南オーストラリア州コフィンベイ近海で、アワビ漁をしていた男性が行方不明となった。49歳の男性は船に戻ろうとしていたところを、突然現れた2匹のホホジロザメに襲われ、姿を消した。同乗者がその瞬間を目の当たりにしたが、成す術もなかったという。

２０１４年12月29日には、西オーストラリア州グレート・サザンで、友人と魚突きをしていた17歳の少年が死亡している。少年の体にはサメにかまれたような傷跡が複数残っており、体長４～５メートルほどのホホジロザメに襲われたものと見られている。

さらに２０１５年7月25日には、オーストラリア南部タスマニア州のマリア島沖で、ホタテガイ漁をしていた40代後半の男性が大型のサメに襲われて死亡している。

この日、男性は娘と2人で漁に出ており、娘が船に戻ったあとも1人で漁を続けていた。しかし、しばらくたってもなかなか浮上してこない父親を心配した娘が海に潜って探してみると、大きなサメが男性にかみついているのを目撃したという。

救援に駆けつけた人々は空気供給ホースを手繰り寄せ、急いで男性を海から引き揚げたが、男性はすでに手の施しようもないくらいの深い傷を負っており、助けられる状態ではなかった。

ホタテガイ漁が盛んに行われていたこの海域では、過去にサメによる被害は1件もなかった。だが、事件発生の1週間ほど前から、体長4・5メートルほどのホホジロザメとみられるサメがたびたび目撃されていたという。

ホホジロザメ独自の行動

このように、多くの人々の命を奪ってきたホホジロザメだが、彼らの狩りはなんの前触れもなく始まる。そのため、気がついたときには襲われてしまっていることも多い。

ホホジロザメは獲物の後方から音もなく静かに現れ、下方から時速17~25キロメートルの猛スピードで獲物に接近してかみつく。そして、普通ならばアゴを左右に動かすことのできないサメ類は、体を振って獲物の肉を喰いちぎろうとするのだが、ホホジロザメは少し違う。

ホホジロザメは、まだ暴れる可能性のある獲物を無理に仕とめようとはせず、いったん口から吐き出して、獲物が出血多量で弱るのを待つのだ。そうすることによって、必死に逃げようともがき苦しむ獲物からの反撃を回避できるだけではなく、自らの歯を余計に傷めずにすむのである。

さらに、ホホジロザメの狩りにはもうひとつ変わった行動が見られる。

それは、アザラシやアシカなどを襲う際に、海面から体の一部または体全体を出して獲物の動向を確認するブリーチングを行うのだ。

このブリーチング(水面でのジャンプ)は、本来ならクジラやイルカに見られる行動である。それらの場合は獲物への攻撃とはまったく関係のない行動で、狩りの最中にブリーチングを行うのはホホジロザメだけだという。

このように、ホホジロザメの狩りにはほかのサメとは少々異なる点が見られるが、その違いこそが人間が襲われた際に逃げ出せるわずかなチャンスにもなるのだ。

同じように人を襲うイタチザメなどは、かみついたらそのまま肉を喰いちぎろうとするが、ホホジロザメの場合は一度口を放すことがあるので、運が良ければ逃げられるかもしれない。

実際、ホホジロザメに襲われて無事に生還した男性もいる。

２００８年、オーストラリアの東海岸でアワビ漁をしていた男性は頭からホホジロザメにかみつかれた。しかし、さいわい腕が口の外に出ていたため、手探りでサメの目らしき部分を見つけると、思いっ切り握りつぶしたのだという。予期せぬ攻撃に驚いたホホジロザメは、とっさに口を開け、男性はその隙になんとか逃げ出したというのだ。男性の冷静な判断が自らの命を救ったのである。

パンク町田'sワンポイント

かつてホホジロザメは頭が悪く、がむしゃらなハンターだと誤解されていた。しかし、近年では鼻先で強烈な一撃を与えるなどした後に「バクリ!」とやることがわかってきた。獲物のひとつである巨大なゾウアザラシにもしかまれれば、ホホジロザメとてただではすまない。現にゾウアザラシの反撃を食らったとみられる深手を負ったホホジロザメが何頭も確認されているのだ。大きくて長生きする動物は、知能が高く知的な行動がともわなければ成立しないのである。

Denger Animal 13

ナイルワニ

【獲物を仕とめる恐怖のデスロール】

【生態 DATE】
危険度：★★★★★
分類：クロコダイル科
体長：4 ～ 5.5m

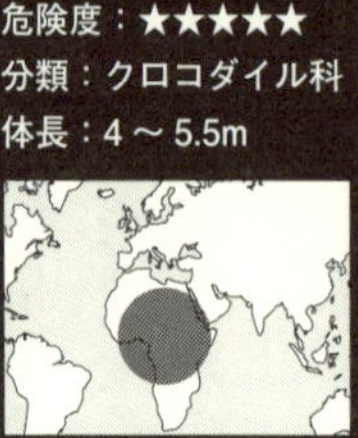

ナイルワニは、人を襲う危険性が高い、アフリカ大陸最大のワニである。

砂漠地帯と南端部を除いたアフリカ大陸、マダガスカル西部に分布しており、その名のとおりナイル川流域に多く生息している。

ナイルワニはワニ目クロコダイル科のワニで、平均的な体長は4～5・5メートル、体重は２００キロをゆうに超え、なかには１０００キロ近くもある個体もいるという。

これまでに確認されている最大サイズは体長7メートルだが、それを超える個体もいるのではないかとされている。

ちなみに、日本の一般的な救急車の全長が5・5メートルなので、ナイルワニはそれと同等か、さらに大きいということになる。

ナイルワニは、現在地球上に棲む動物のなかでもっともかむ力が強いといわれており、その力はなんと2～2・3トンとされている。

これは、最強の肉食恐竜といわれているティラノサウルス・レックスにも匹敵するほどのパワーだという。当然そんな力でかみつかれてしまえば、大型動物ですら自力で逃げ出すのは容易ではない。

しかし、いくらかむ力が強くても、ナイルワニは体の構造上、獲物の肉をかみ切ることができない。

そのため、大きな獲物を捕まえると水のなかに引きずり込み、かみついたまま自らの体を回転させて肉を引きちぎるのだ。

これは「デスロール」と呼ばれる行動で、獲物がちぎれるまで回転し続ける。

また、ナイルワニは意外と俊敏《しゅんびん》で、短距離なら陸上でも時速15～30キロメートルで走ることができる。100メートル走の世界記録保持者ウサイン・ボルトの走る速さが時速37キロほどなので、ナイルワニがどれだけ速いかがわかるだろう。

おもに魚を食べるが、基本的には食べられる動物はなんでも食べる。サイやシマウマ、スイギュウといった中～大型の動物だけでなく、ほかのワニや鳥、死肉までもを食べてしまう。過去には、射殺された体長3・7メートルのナイルワニの胃のなかから、チーターの爪が発見されたこともあった。

1940～1960年頃は、狩猟によって一時絶滅の危機にひんしていたが、現在は保護活動のかいもあり個体数は安定している。

アフリカゾウにも躊躇なく襲いかかるナイルワニ

ナイルワニは、目の前を通りすぎるものは、たとえライオンだろうがなんだろうが関係なく襲いかかる。非常に凶暴で、食欲旺盛な彼らにとって近づくものはすべてご馳走に見えるのだろうか。

アフリカ南部にある、ザンビアのサウスルアング国立公園では、過去にアフリカゾウに襲いかかるナイルワニの姿が観光客によって撮影され、2010年11月12日にナショナルジオグラフィックで紹介されている。

水中に身を潜めていたナイルワニは、水飲み場にやってきたアフリカゾウ親子の母親の鼻にいきなりかみつき、水のなかへ引きずり込もうとした。しかし、さすがのナイルワニもアフリカゾウのパワーには勝てず、逆に水から引きずり出されてしまった。だが、よっぽどお腹が空いていたのか、ナイルワニも喰らいついたまま放さない。ここでナイルワニに思いもよらないハプニングが起こる。

なんと、あわてて逃げる母親に寄り添っていた子どもが、よろめいてナイルワニの上に倒れ込んだのだ。思わぬ反撃をくらったナイルワニは、その拍子に口を放してしまい、結局親子には逃げられてしまったのである。地上最大の動物であるゾウにも襲いかかるとは、あらためてその攻撃性の高さをうかがい知ることができる。

ちなみに、ナイルワニは一度の食事で自分の体重の半分もの量を平らげる。その豪快な食べっぷり

地球上の動物の中で最も噛む力が強く、その力は2～2.3トンといわれている。

を証明するような事例も報告されている。

２０１１年9月、ケニアのマラ川で体長6メートルほどの巨大なナイルワニが体重１３６キロはあるであろうトピ（レイヨウの一種）を丸呑みにしたというのだ。

このトピはおぼれ死んでから捕食されたと見られているが、ナイルワニはたった6分ほどで立派な角まで丸呑みにしてしまったという。

これほど大きな獲物でも簡単に呑み込めるのだから、人間をひと呑みにすることなど造作もないだろう。

殺人ワニ〝ギュスターヴ〟

実際に人間が襲われることは多く、ナイル川流域では年間２００人以上もの人が被害に遭っているといわれている。特に、川岸で洗濯をしている人が被害に遭う事例があいついで報告されており、ナイルワニは現地の人々の平穏を脅かす存在となっているのだ。

そんな恐怖の人喰いナイルワニのなかでもっとも有名個体といえば、中部アフリカ・ブルンジ共和国のタンガニーカ湖およびルジジ川に生息しているギュスターヴだろう。

ギュスターヴとは体長6メートル以上、体重1トン前後（目撃情報からの推定）の巨大なオスのナイルワニのニックネームである。その犠牲者は300人を超えるといわれているが、この数字にはほかのワニによる犠牲者も含まれている可能性が高い。しかし、多くの人間を喰い殺しているのは確かで、そのまま野放しにしておくにはあまりにも危険すぎると、何度か射殺も試みられた。

だが、硬い皮膚で守られた体に致命傷を負わせることはできず、すべて失敗に終わっている。

通常、ワニの寿命が50年ほどといわれるなか、このギュスターヴは100年以上生きているのではないかともいわれていたが、2008年以降、その姿を消している。

そもそもなぜ、ギュスターヴは恐怖の人喰いワニへと変貌してしまったのか。

それについては過去にツチ族とフツ族が起こしたブルンジの内戦が大きく影響を与えているといわれている。このとき、川に遺棄された戦死者の遺体を食べたことがきっかけで、ギュスターヴは人間の味を覚え、襲うようになってしまったのではないかと考えられているのだ。

また2007年には、このギュスターブをモデルにした巨大ワニが登場するホラー映画『カニング・キラー／殺戮の沼』がアメリカで公開されている。日本では劇場未公開であるが、DVDは日本でも

ナイルワニは噛む力だけでなく、水に引き込む力も非常に強い。

発売されているので、興味のある人は観てみてはいかがだろうか。

巨大ワニに立ち向かった男

ほかにも、ナイルワニによる被害は数多く報告されている。2005年3月にはウガンダのビクトリア湖で83人を食い殺したとされている体長5メートル、体重1トンのナイルワニが捕獲されている。

そして2014年11月19日には、ウガンダの東北部にあるキョーガ湖で25歳の妊娠2ヶ月の女性がナイルワニに襲われている。

被害者女性は、数人の女性たちと湖のほとりで小枝を拾っていたところをナイルワニに襲われ、そのまま水中に引きずり込まれた。

東アフリカにおいて、2014年に入ってから、爬虫類に殺された30人目の犠牲者であった。

さらに同じく、ウガンダの中部にあるキオガ湖では、岸辺に薪《まき》を拾いに行った妊娠8ヶ月の女性がナイルワニに喰い殺されている。

事件当日、出かけたきりいつまでたっても戻らない女性を心配した村人たちは、捜索隊を岸辺へ向かわせた。

すると捜索隊は、そこで血のついた女性の履物と足、手の指、携帯電話を発見。さらに、近くで水面に浮かぶ、巨大なナイルワニの姿が目撃された。この状況から、女性がナイルワニに食べられたのはほぼ間違いないだろうと考えられた。

愛する妻と子供をワニに喰い殺された夫は嘆き悲しみ、なんとしても仇を討とうと全財産をはたいて鋭い槍を購入した。そして、その56歳の男性はたった1人で、約6メートルもの巨大なワニに立ち向かったのだ。一瞬でも気を抜けば、自らも喰い殺されてしまうであろう状況のなか、男性の力となったのはやはり失った家族への強い想いだろうか。

渾身《こんしん》の力を込めて振りあげた槍は、堅いワニの皮膚を突き破った。激闘の末、ようやく憎き人喰いワニを仕とめた男性は、見事に妻と子供の仇をとったのである。

殺されたナイルワニの特徴から、このワニは過去に女性や子供を含む6人を喰い殺し、5人以上もの人に重傷を負わせた個体である可能性が高いとされた。その証拠に、胃のなかからは人間の骨と衣類が発見されている。

村人に恐怖を与え続けた人喰いワニを、たった1本の槍で仕とめた男性はいちやく村のヒーローとなり、大歓声のなか、迎えられた。

しかし、家族を無残に喰い殺された男性の怒りと悲しみは一生消えることはないないだろう。

このように、人間の生活圏とナイルワニの生息域が近い地域では、1匹の個体が何度も人間を襲うことが多く、ワニによる被害は絶えないのである。

パンク町田's ワンポイント

あんがい知られていないのだが、水中にもぐるときのワニは、目を瞬膜《しゅんまく》と呼ばれる第三眼瞼《だいさんがんけん》でおおいかぶせている。これによって、目を保護するほか、水中での光の屈折率を調節しているともいわれ、水中での視界を鮮明なものにするという。

しかし、実際には瞬膜が半透明の器官であるため、距離が離れると視力に陰りが現れる。水中にこれだけ特化した生物が、なぜ半透明の瞬膜を獲得したのか。それは水面や水辺近くで獲物を捕らえるため、空気中での視力を優先したために違いない。それも大きな獲物を捕らえるからには、視界のよい瞬膜より目を強固に保護する必要があったのだろう。

Denger Animal 14

イタチザメ

【食欲旺盛なヒレを持ったゴミ箱】

【生態DATE】
危険度：★★★★
分類：メジロザメ科
体長：3～7.4m

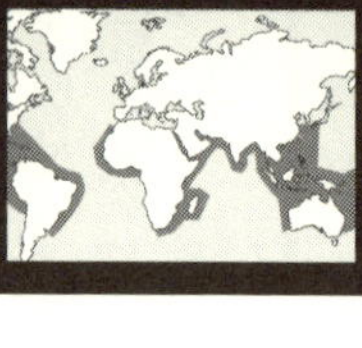

メジロザメ目メジロザメ科のイタチザメは太平洋、インド洋、大西洋の熱帯から亜熱帯海域に広く分布しており、外洋域でもその姿を見られる。日本では南西諸島や九州沿岸で生息が確認されている。

おもに河口域や環礁《かんしょう》での目撃が多く、ときには入り江や波止場近くなどの浅瀬でも見られることもある。

平均的な体長は3〜4・3メートルで、大きなものだと体重500キロを超える個体もおり、サメのなかでも大型の部類に入る。

現在確認されている最大サイズは1957年にインドシナ沖で捕獲された体長7・4メートル、体重3110キロのメスのサメだといわれている。

体つきは全体的にズングリとしていて、大きく幅広な頭に円い吻部《ふんぶ》。ニワトリのトサカのような深い切れ込みがある歯は尖頭部が外側に傾いている。

くわえて、とがった尾びれと尾柄側面にあるキール（突起）なども特徴のひとつである。

若い個体の背中には黒っぽい横縞があり、それがトラの模様に似ていることから「タイガーシャーク」と呼ばれているが、この縞模様は成長とともに消えていく。

ちなみに、日本では地域によってサバブカ、イッチョー（沖縄県）とも呼ばれている。

性格は獰猛で攻撃的。その悪食ぶりはサメのなかでも一番といわれるほど貪欲で、なん体動物から甲殻類、他のサメ類を含む魚類、海鳥、ウミガメ、アザラシ、クジラ、イルカなど目についたものはなんでも食べてしまう。

ウミガメの甲羅《こうら》のように非常に硬いものでも、その強靭なアゴと鋭い歯で簡単にかみ砕くことができるのだ。

ハート型、トサカ型と形容される独特な形状の歯は、表面がノコギリ状になっている。上アゴに18〜26本、下アゴに18〜25本の歯がある。獲物に喰らいついた際、頭を振ることによって、歯列がノコギリのように肉を切断するので、大きな動物の肉片もなんなく喰い切ることができる。

ほかにもネズミや馬、牛、犬などの陸上動物の死骸を食べる。それ以外にも、とても消化できそうにもない車のナンバープレートや金属片、皮革製品、布、ビニール袋、空ビン、ドラム缶などまでもがその胃のなかから発見されている。

口に入るものは手当たり次第に食べまくる

2015年7月19日、南アフリカで開催されていたサーフィンの世界大会「J-Bay Open」で事件は起きた。大会に出場していたトッププロサーファーのミック・ファニングが海中で順番待ちをしていると、突然現れた2匹のサメに襲われたのである。

ボードから振り落とされたファニング氏は、襲いかかってくるサメにキックやパンチで反撃。すぐに駆けつけた救助隊になんとか無傷で救出されたが、あまりの出来事に会場は一時騒然となった。

もちろん、大会はそのまま中止となり、生中継されたサメの襲撃シーンは世界中に大きな衝撃を与えた。当初の報道では、ホホジロザメが犯人ではないかとされていたが、後にイタチザメが真犯人であることがわかった。

人を襲う恐ろしいサメといえば『ジョーズ』のモデルとなったホホジロザメがもっとも有名ではあるが、そのホホジロザメに次いで危険だといわれているのが、このイタチザメなのである。

サメにしては丸みのある顔に黒目がちな瞳で、一見かわいらしく見えなくもないが、そんな見た目に反してその性格はかなり凶暴で好奇心旺盛。口に入るものは手当たり次第になんでも食べてしまう。

そのすさまじい喰いっぷりから「ヒレをもったゴミ箱」などというありがたくもない別名までつけられてしまっているが、海を漂うゴミまでも食べてしまうとなると、それも納得である。

サメのなかで一番の悪食で目につくものはドラム缶であろうがなんでも食べる。

私たち人間も水中で彼らと出会ってしまえば、捕食対象となってしまうことは十分にあり得ることなのだ。

読者の皆さんは、２０１２年に日本で公開された『ソウル・サーファー』という映画をご存じだろうか。

この映画のモデルとなったのは、ベサニー・ハミルトンという女性。幼い頃からサーフィンを始め、スポンサーがつくほど将来を期待されていたが、13歳のときにサメに襲われて片腕を失ってしまった。

実はこの女性を襲ったのも、イタチザメだ。

彼女の自伝によると、２００３年10月31日、カウアイ島の海岸で親友とその家族とともにサーフィンを楽しんでいたところ、突然なにか強い力に引っ張られるような感じがしたという。

ほんの一瞬のことで、なにが起きたのかよくわからなかったが、体長4・5メートルものイタチザメが自分の左腕とボードの先にかみついているのだけは見えたという。

そして、またたく間に海水がまっ赤に染まっていく様子を、ただ呆然と見ていたというのである。左腕を肩の下から喰いちぎられたハミルトン氏は、すぐさま病院へ搬送されたが、全身の60パーセントもの血液を失っており、危険な状態であった。

しかし、それほどの傷を負いながらも、ハミルトン氏は1ヶ月もたたずに再び海へと戻りサーフィンを再開。2005年には全米チャンピオンに輝いている。

沖縄でも発生している死亡事故

このようなイタチザメによる被害は、アメリカや南アフリカだけでなく、日本でも報告されている。2000年9月16日、沖縄県宮古島平良市《みやこじまひららし》の砂山ビーチの沖合約30メートルで、サーフィンをしていた若い男性がイタチザメに襲われた。

一緒にサーフィンをしていた知人は、男性が突然水中に引きずり込まれていく瞬間を目撃しており、すぐに周囲にいた人々に助けを求め、男性を海から引き揚げた。しかし、男性は右上腕部と両ひざ下を喰いちぎられており、その後、出血多量のため死亡した。

男性の使っていたサーフボードに残されたかみ跡から、男性を襲ったのはイタチザメであると断定された。その口の幅から、体長2~2・1メートルほどの中型の個体ではないかと推測されている。

平良市ではこの事件の前にも、1996年7月24日にサンゴ調査中の男性が、1997年7月12日には漁師の男性が、それぞれイタチザメに襲われて死亡している。

この現場海域周辺では、イタチザメがウミガメを餌としていることから、ボードに乗っていた男性はウミガメと間違えられて襲われてしまったのではないかとも考えられている。

死亡事故の件数は、ホホジロザメよりもイタチザメのほうが圧倒的に多い。

その理由としては、ホホジロザメは獲物にかみついた後にいったん獲物を吐き出す習性があり、2回目の攻撃を仕かけるまでに多少だが逃げる時間ができる。それに対し、イタチザメは最初に獲物にかみついたら、そのまま放すことなく鋭い歯で獲物の肉をかみ切ってしまうため、一度かみつかれてしまうと犠牲者には逃げ出すチャンスがほとんどないからである。

基本的にイタチザメは、夜行性で夜に狩りをすることが多いが、若い個体は昼に狩りをすることもあるので、昼間だからといって安心してはいけない。

普段は、まるで居眠りでもしているかのようにゆっくりと泳いでいる。だが、ひとたび獲物に攻撃を仕かける際にはとても素早い動きを見せ、異常なほどにしつこく追い回すので、たとえのんびり泳いでいるように見えても油断は禁物だ。

しかし、この狙われたら最後、命の保障などない恐ろしく危険なイタチザメと戦って見事に生還した人間がいるという。

奇跡的に無傷で生還したサーファー

2013年10月20日、ハワイに住む25歳のサーファーの男性は、岸から約180メートルのところでサーフボードにまたがっていると、左後方からダークグレーの背びれが近づいてくるのに気がついた。男性は「どうせアカエイかなにかだろう」と思ったが、念のために左足を海中から引き揚げたその瞬間、イタチザメがボードにバリバリと音を立ててかみついてきたという。その激しい衝撃で、男性はボードから振り落とされたが、サメの背びれをつかんで背中に乗りあげ、何度もサメの頭部を殴りつけたのである。

すると、男性の拳がサメの目にヒットし、思わぬ反撃にひるんだサメはかみついていたボードを放して男性から離れていった。男性は多少のかすり傷は負ったものの、なんとほぼ無傷で生還したのだ。

このように、奇跡的に軽症ですむ場合もあるが、イタチザメに襲われたらほとんどの場合は重傷を負うことになるだろう。

命を落としてしまうような痛ましい被害に遭わないためには、とにかく危険海域に入らないことが一番の対策だ。しかしながら、もしサメが生息する海域でサーフィンやダイビングをする際には十分な注意が必要である。

まず、小さな傷やケガがある場合、女性なら生理中は極力海へ入らないこと。そして、海のなかで用を足さないこと。サメは非常にすぐれた嗅覚をしているので、ほんのわずかな血や尿の臭いでも敏感に嗅ぎつけてやって来るのだ。

ほかにも魚のウロコと間違われないために、派手な色の水着やキラキラと光に反射する貴金属は身につけない方が良いともいわれている。

それでも、万が一サメに出会ってしまった場合は、パニックになってバシャバシャと水音を立てると逆に相手を刺激してしまうので、なるべく水音を立てず静かにその場を離れよう。最悪、襲われてしまった場合は、最大の弱点である鼻への攻撃が有効だとされている。過去にはそれで命が助かった事例もあるので、海へ出かける場合は頭の片隅にでも入れておくといいだろう。

パンク町田's ワンポイント

サメ類の多くは鋭い嗅覚や、磁場なども感知できる高感度の電受容器を持つなど、すぐれた超感覚を持つことが知られている。また、認知地図を持つことで的確に目的地にたどり着くことができる頭脳的な生き物でもあるのだ。その一方、無顎類《むがくるい》（現生・ヤツメウナギなど）から進化した初期の顎口類《がっこうるい》に近い構造を持つ原始的な魚類でもある。原始的な魚にこれだけの機能が備わっているというのに、人間って頭と手を取ったらなにかすごいところあるのかなぁ……。

Denger Animal 15

【内臓を喰らうアマゾンの殺人ナマズ】

カンディル

【生態DATE】
危険度：★★★
分類：セトプシス科、トリコミュクテルス科
体長：3～20cm

　カンディルとはナマズの仲間で、南アメリカの亜熱帯地域やアマゾン川に生息している肉食の淡水魚の総称だ。

　セトプシス科とトリコミュクテルス科の2種類に分けられ、日本では現地名に従って「カンジル」、「カンジルー」、「カンジール」、「カンビル」などと表記されることもある（本稿では「カンディル」に統一）。

　セトプシス科とトリコミュクテルス科の違いについて説明すると、セトプシス科のカンディルは、体長20センチ程度のものが大半であり、大きくて丸い頭部が特徴である。

　この種は、鋭い歯で獲物の皮膚を喰い破りながら体内に侵入して筋肉や内臓を喰いちぎる種もいるため、直接素手で触るのはとても危険だ。

　それに、一度体内に侵入してしまうと、ヒレについた棘が返しとなって引っかかり、自分で引き抜くことはまず不可能となる。

　そのため、万が一、体内に侵入されてしまった場合は、患部を切り開いて取り除くしかないのである。

　また、柔らかい眼球付近から体内に侵入することもあるというので、顔を近づけて観察するのも止めたほうがいいだろう。

　もう一方の、トリコミュクテルス科のカンディル

は体長3～10センチほどで、頭部が小さく体が細長いのが特徴としてあげられる。

この種は、前述したものと比べると、体の大きさは半分以下とかなり小さい。だがその反面、習性は非常に危険だ。

人間の尿道や膣口、肛門、また魚の場合はエラなどから体内に侵入して血を吸ったり、肉を喰いちぎるという。同じカンディルでも、小さな穴からでも侵入できる分、こちらのほうがより厄介《やっかい》といえる。

前述した種と同様に、この種のヒレにも返しがあるため、一度体内に侵入してしまうと引き抜くことはまず不可能で、やはり患部を切り開くしか取り除く方法はない。

しかも、患部を切開して取り出したとしても、感染症を起こしたり、侵入された際のあまりの痛みでショック死してしまうケースも報告されている。

小さいからといって、決して侮ってはいけない非常に危険な魚なのである。

２００人以上が襲われた「ソブラル・サントス号沈没事故」

アマゾン川で危険な殺人魚といえば、まずまっ先にピラニアを思い浮かべる人が多いだろう。しかし、そんなピラニアよりも、もっと地元の人々から恐れられている魚がいる。それがカンディルだ。

アマゾン川では、毎年この恐ろしいカンディルによって命を落とす人が絶えない。特に、尿道が短い女性や子供が被害に遭うことが多いという。排泄物や死肉から発生するアンモニアの臭いに反応するセトプシス類や、水流に反応して、穴から体内に侵入してくるトリコミュクテルス類は、ときに内臓まで食べてしまうこともある恐ろしい魚だ。

ちなみにカンディルから身を守るため、現地では陶器の下着を身に着けて川に入る人もいるそうだ。

そんなカンディルによる被害のなかでも、もっとも多くの犠牲者を出したといわれているのは、１９８１年9月に起きた「ソブラル・サントス号沈没事故」である。

アマゾン川のオビドス港に停泊していたソブラル・サントス号には、多くの乗客が乗っていたが、浸水したサントス号はどんどん沈んでいき、乗客たちは自力で岸まで泳がなければならなかった。

４００人ほどいた乗客のうち、１８０人はなんとか岸までたどり着いたものの、２００人以上もの人が途中でカンディルに襲われて死亡したという。

また、死亡事件ではないが、２００８年にはインドで14歳の少年の尿道にカンディルが侵入するという珍事が起き、大きな話題となった。

少年は飼っていたカンディルの水槽を掃除しているときにもよおし、魚を手にしたままトイレに入った。すると、カンディルがそのまま尿を逆流して少年の尿道に侵入してしまったというのだ。カンディルは狭い尿道を進んで膀胱《ぼうこう》まで到達しており、少年は、24時間も激痛に苦しんだ末に、ようやく病院へ助けを求めた。担当した医師たちは悪戦苦闘しながらも、尿管結石《にょうかんけっせき》の治療に用いられる尿管鏡を使うことで、なんとかカンディルの摘出に成功した。

できることなら、カンディルが生息している川には絶対に入りたくはないが、もし入る際には陶器の下着は必須アイテムだろう。

パンク町田's COMMENT

私は以前、ストライプカンディルを飼っていた。それがある日、水槽から飛び出し、当時38万円もした高級熱帯ナマズのパカモンがいる隣の水槽に入ってしまった。本文を読んだ諸君であれば高級ナマズがズタボロの血の海に……と想像しただろう。しかし実際には、ナマズはウロコと皮膚を食われてツルッパゲにされただけだった。それもそのはず。ストライプカンディルは「スケールイーター（ウロコ喰い）」といい、魚のウロコが主食だったのだ。

Denger Animal 16

【300人以上を殺害した水辺の怪物】

イリエワニ

【生態DATE】
危険度：★★★★★
分類：爬虫類
体長：3～8.5m

イリエワニは、現在確認されている爬虫類のなかでは、オサガメと並びもっとも大きな種で、おもにオーストラリア、インド、アジア南東部などの広い地域に生息が確認されている。

日本では奄《あま》美《み》大島《おおしま》、西表島《いりおもてじま》、八丈島《はちじょうじま》などでも目撃されている。

性格はとても気性が荒く凶暴で、ワニのなかではもっとも人を襲う可能性が高いことでもその名を知られ、恐れられている。

イリエワニは、ワニ目クロコダイル科。オスは体長3～5メートル、体重450キロほどにもなる。

体色は緑がかった褐色をしており、吻部の鼻の部分から目までに特徴的な隆起が見られる。

がっしりとした大きなアゴを持っており、64～68本の歯が生えている。胴体背面に大型の鱗（背鱗《はいりん》板《ばん》）が規則的に並ぶ。

これまでに生きたまま捕獲された最大の個体は、2011年9月にフィリピン南部のミンダナオ島ブナワンの人食いワニ「ロロン」で、体長6・17メートル、体重1075キロである。

ロロンは12歳の少女の頭部を喰いちぎり、漁業従事者の男性を喰い殺したとされるワニで、ギネスブックに「世界最大の捕獲されたワニ」として認定されている。

捕獲後は、専用の自然公園で保護され、多くの観光客がロロンを一目見ようと公園を訪れていたが、2013年2月に死亡している。

ちなみに、現在確認されている最大の個体は、体長8・6メートルだといわれている。

イリエワニの和名は、その名のとおり入江や三角州を好んで棲家にすることからきているのだが、地域によっては河川の上流域や湖、池沼などの淡水域にも生息が確認されている。

また、海水にも耐性のあるイリエワニは海を泳いで沖合の島嶼《とうしょ》へ移動することもあり、優雅に海を泳ぐ姿もたびたび目撃されている。

おもに魚類、両生類、爬虫類、鳥類、哺乳類、甲殻類などを食べるが、まれにサメのなかでも危険だといわれているオオメジロザメまでもを捕食してしまうこともある。

動物界のなかでも上位に入るといわれるアゴの力は伊達ではない。

世界各地で相次ぐ殺人ワニの被害

イリエワニが起こした悲惨な事件としてもっとも有名なのは、太平洋戦争中に起きたラムリー島の戦いで撤退中の日本兵が次々とイリエワニに襲われ、1000人もの犠牲者を出したといわれる話ではないだろうか。

これは「動物がもたらした最悪の災害」としてギネスブックにも載っている事件だ。しかし、日本軍の記録には日本兵がワニに襲われたという記述がないため、信憑性《しんぴょうせい》は薄い。

だが、実際にイリエワニによる被害は世界各地で相次いで報告されており、捕らえたワニの胃のなかから人間の体の一部が発見されることも珍しいことではないのだ。

2006年9月3日には、マレーシアのサワラク州バコ村で小学6年生の男の子がイリエワニに襲われている。

自宅近くの川でカニ捕りをしていた男の子がワニに丸呑みされ、行方がわからなくなっていたが、その後、捕らえられた体長5・5メートル、体重200キロのワニの胃の中から人間のものと思われる頭髪と下着の一部が発見された。それらは行方不明の男の子のものではないかといわれている。

また、2008年9月30日には、オーストラリアの「ワニの岬」と呼ばれている地域でキャンプをしていた男性がイリエワニに襲われている。

がっしりとしたアゴで、サメの中でも危険だといわれるオオメジロザメまでも捕食する。

川にカニ捕りのために仕かけていたワナを見に行ったきり、なかなか戻ってこない夫を心配した奥さんが男性を探しに行ったところ、男性の姿はなく、水辺にはワニの足跡と男性が所持していたカメラだけが残されていたという。

その後、10月13日に男性が行方不明になった川で体長4・5メートルほどのイリエワニが捕獲され、そのワニの胃のなかから男性の遺体の一部が発見された。

2012年1月19日には、インドネシア東部の東ヌサテゥンガラ州レンバタで10歳の少女がワニに襲われている。

ワイロロン川で泳いでいた少女は、突然現れた巨大なワニにひと呑みされ、そのまま水中に姿を消した。

それは一緒に川を訪れていた父親のわずか5メートルほどの距離で起きた出来事で、父親は娘が襲われる瞬間を目の当たりにしたのである。

　地元の住民たちが3時間ほど少女の行方を捜したが、現場から200メートルほど離れた場所で少女の衣服だけが発見された。この川では、12月初めにも友人と遊んでいた12歳の少年がワニに襲われて死亡しており、2ヶ月の間に2人の犠牲者を出したことになる。

　そして、2013年8月24日には、オーストラリア北部の特別地域の川で、26歳の男性が友人の目の前でワニに襲われている。男性は友人の誕生日パーティーに参加するため、州都ダーウィンから北に約110キロメートルのところにあるリゾート施設「マリーリバー・ウィルダネス・ストリート」を訪れていた。そのパーティーの途中で、男性は友人と2人で川に飛び込んだ。周囲にいた15人ほどの友人たちがそれを眺めていると、体長5メートル近くもあるワニがいきなり現れて男性にかみつき、そのまま水中に引きずり込んでいったという。

　ほんの一瞬の出来事だったため、だれも男性を助けることはできず、男性の遺体は2日後の26日の早朝に発見された。この川には、もともと多くのワニが生息しており、施設側は水辺に近づかないよう注意喚起していたが、男性たちはそれを無視して川に入ったとみられている。

　そして、この事件からさほど月日もたっていない2014年1月26日には、またしてもオーストラリア北部で同様の事件が起きている。州都ダーウィン南東にある、カカドゥ国立公園の池で泳いでいた12歳の少年がイリエワニに襲われて死亡したのだ。

　少年が友人たちとともに池で泳いでいると、近くにいた15歳の少年が突如現れたイリエワニに襲われた。襲われた少年は必死に抵抗し、両腕に深いかみ傷を負いながらもなんとか逃げ出すことに成功した。すると、獲物を逃したイリエワニはターゲットを別の12歳の少年に変え、再び襲いかかったのだ。そして、少年を水中に引きずり込み、そのまま姿を消したという。

少年たちを襲ったイリエワニは、腕の傷から推測するに体長2～3メートルほどではないかとされ、これ以上大きければ、子どもの力では逃げ出すことはできなかっただろうといわれている。

その後、少年の捜索にあたっていた現地警察が、28日までに事件現場周辺で人の体の一部を発見したと発表している。ただし、遺族への配慮から発見場所などの詳細は伏せられた。

事件が起こったこの公園は世界遺産にも登録され、大自然のなかで野生動物を間近で見られると観光客にとても人気のあるスポットなのだが、イリエワニによる被害が相次いでいたという。そして、なんとこの事件から半年もたたずに、また新たな犠牲者が出てしまったのである。

水中からのジャンプ力も規格外

2014年6月7日の午後、公園内を流れるサウス・アリゲータ川で妻と息子夫妻とともに釣りを楽しんでいた62歳の男性が、突然水中から飛びだしてきたイリエワニにさらわれ、行方がわからなくなってしまった。

予期せぬ出来事に男性の家族はなす術もなく、あわてて救助の要請をしようとしたが、現場は電話の通じる場所がきわめて少ない土地であった。そのため、家族が救助を要請できたのは、男性が連れ去られてから2時間も後であった。

通報を受けた警察と男性の息子は、夜通し男性の行方を懸命に捜索し続けたところ、8日になって事件現場から1・5キロメートルほど離れた場所で2頭の大型のイリエワニを発見し、その場で射殺。体長4・7メートルのワニの胃のなかから男性の遺体が発見されたのである。

今回男性が襲われた現場周辺は、本来立ち入りが禁止されている危険地区だったようだが、まさか男性もボートに乗っていてワニに襲われるなんて思いもしなかったことだろう。

遊泳中に襲われる確率に比べれば非常にまれではあるが、イリエワニのように水中からのジャンプ力もすさまじい動物が棲む場所では、ボートの上でも決して安全ではないのである。

ちなみに、このように立て続けに痛ましい事件が起きてしまった同公園では、来園者に対し常にワニへの警戒をおこたらず、水辺などでのキャンプはしないよう注意をうながしているという。

一度かみつかれたら自力で逃げるのは不可能

イリエワニによる被害はこれまであげてきた事例を見てもわかるように、とても多い。特に生息数の多いオーストラリアでは、毎年のようにイリエワニに人が襲われる事件が相次いで起きている。

しかも、近年ではオーストラリア北部の海でもイリエワニがたびたび目撃されており、海水浴客はサメだけでなくワニにも注意しなければならないという、スリリングな状況になっているという。

それにしても、なぜこれほどまでにワニによる死亡事故は絶えないのだろうか。

まず考えられるのは、彼らのかみつく力が非常に強く、一度かみつかれてしまうと人間が自力で逃げ出すのはほぼ不可能であるからだ。

それにたとえ逃げられたとしても、一かみの力が４５５～５９０キロにもなるといわれている彼らにかみつかれて、無傷で生還できる人はいないだろう。

しかも、危険なのは口だけではない。その長い尾も非常に強力で、鞭《むち》のように振り回された尾が当たるだけでも、私たち人間は簡単に命を落としかねないのだ。

もしワニと遭遇してしまったときには口だけではなく、尾からの攻撃にも十分に注意が必要である。

パンク町田'sワンポイント

750キロのイリエワニに〝素手〟で餌を与えたことがあります。餌はイノシシの後ろ足だったのですが、フトモモのあたりを「バコン！」と一かみ。それでイノシシの大腿骨《だいたいこつ》はグニャグニャに……。たぶんアゴの力は瞬間的に1トンは超えてるはずだ！　こりゃ勝てそうにない。

Denger Animal 17

【致死率95%！恐怖の殺人アメーバ】
フォーラーネグレリア

【生態DATE】
危険度：★★★★★
分類：ファールカンピア科
体長：11～40μm

フォーラーネグレリアは、通常25～35℃くらいのあたたかい湖や池、温泉などに棲む11～40ミクロンほどのアメーバの一種で、学名を〝ネグレリア・フォーレリ〟という。

ヘテロロボサに属する自由生活性のこの種はほかのアメーバとは違い、生活環（生物が成長・生殖する際の変化が一回りする様子）のなかに、糸のような構造をした鞭毛《べんもう》型を持つのが特徴である。

これによって自ら動き回ることが可能となり、よりよい環境を求めて移動することができる。

フォーラーネグレリアは、オーストラリアやアメリカ、ニュージーランドなど世界中で発見されており、日本でもその存在が確認されている。

２００２年に国立感染症研究所が行った調査では、対象となった２００以上の温泉やスーパー銭湯などのうち、6割以上の施設から原発性アメーバが検出された。そして、そのうちの約9パーセントがフォーラーネグレリアであるとの報告があげられている。

人間への感染源は水である。

だが、フォーラーネグレリアに汚染された水を飲んでも感染はしない。汚染された水がヒトの鼻から体内に入り込むと、アメーバが嗅神経《きゅうしんけい》から脳に侵入し、急性の脳髄膜炎《のうずいまくえん》を引き起こすのだ。

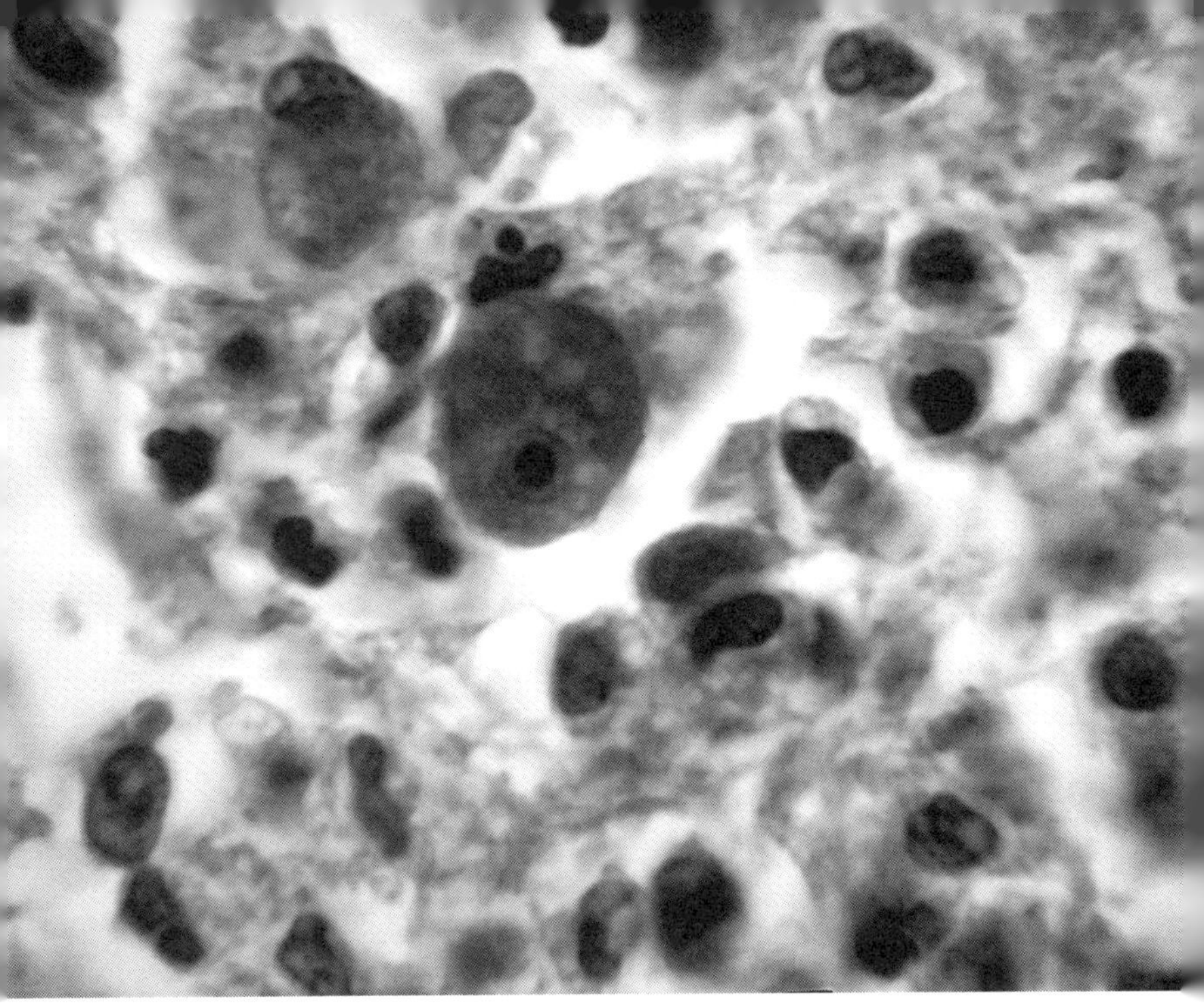

同じアメーバの一種である赤痢《せきり》アメーバによる脳炎は、腸から脳に転移することが多いが、フォーラーネグレリアの場合は直接、脳に侵入する。

そのため、フォーラーネグレリアによる脳炎は、ほかのアメーバによる脳炎と区別するために、「原発性アメーバ性脳髄膜炎」と呼ばれている。

この脳炎に感染すると、まずは初期症状として匂いや味がわからなくなり、続いて頭痛や発熱、おう吐といった症状が現れる。

そして首の筋肉のコリやてんかん、幻覚などが現れ、急速に症状が悪化していき、ついにはこん睡状態に陥ってしまう。

潜伏期間は3日から7日ほどで、発病するとほとんどの場合は1週間程度で死にいたる。

人から人への感染はないとされているが、感染後の致死率はなんと95パーセント以上ともいわれている。このアメーバ性脳髄膜炎は、現在も効果的な治療法が見つかっていない。

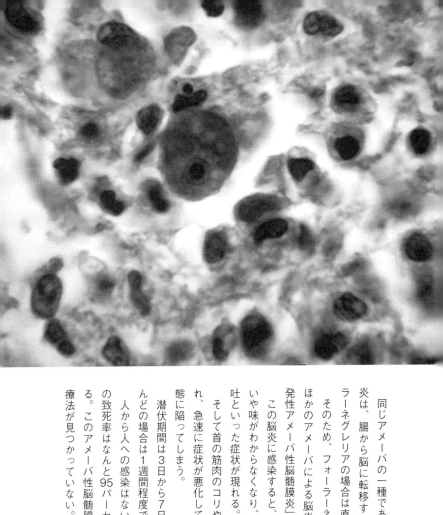

プールから感染し16人の子どもが死亡

アメーバは、自然界の土や水のなかといった、いたるところに潜んでいる。

私たち人間にはとても身近な存在で、これまではそれらに病原性はないと考えられていた。

だが近年、一部の自由生活性アメーバが人に感染し、思わぬ障害を与えることがわかってきた。

特に感染から死亡までの期間がとても短いフォーラーネグレリアは〝殺人アメーバ〟や〝人喰いアメーバ〟などと呼ばれ、人々からたいへん恐れられている。

フォーラーネグレリアは、1965年にオーストラリアで初めて確認されて以降、さまざまな地域で感染が報告されている。

チェコスロバキアでは1962年に3人、63年に6人、64年に5人の子供がそれぞれ脳炎で死亡している。その多くが水泳教室に通っていたため、プールになにか問題があるのではないかと騒がれたが、結局、きちんと清掃も塩素消毒もされているプールに原因があるとは疑われずにそのまま放置された。

しかし、1965年にまたしても2人の子供が亡くなったことで、ようやく調査が開始された。すると、病理解剖された子供からフォーラーネグレリアが検出され、さらにはプールの壁の亀裂からもアメーバが検出されたのである。

フォーラーネグレリアは25～35℃ほどのあたたかい湖や池、温泉に棲んでいる。

まだ、フォーラーネグレリアによる感染が発見されていなかったとはいえ、これだけ立て続けに脳炎で子供たちが亡くなっていたのだ。もう少し早く調査していれば助かった命もあったかもしれない。

２００７年の８～９月にはアメリカのアリゾナ州、フロリダ州、テキサス州で10～22歳の男子６人がフォーラーネグレリアに感染し、全員が死亡している。

この６人はいずれも発症する前に湖や水路、プールなどで泳いでいたことがわかっている。

さらに、ルイジアナ州では２０１１年に水道水で鼻洗浄していた男子大学生と51歳の女性がともに死亡している。

鼻洗浄から感染したとみられる例はこの２件だけだが、器具の衛生管理が不十分だったことと、汚染された水道水を使用したことが感染の原因だと考えられている。

このほかにも、２０１２年にはパキスタン南部のシンド州カラチでフォーラーネグレリアによる脳炎が相次ぎ、10人が死亡している。イスラム教徒は祈りの儀式の際に鼻孔を水ですすぐ習慣があり、それが感染原因だと考えられている。この地域では２００６年にも感染者が出ているという。

日本での唯一の感染者

そんな世界中で人々の命を奪っている恐ろしい殺人アメーバだが、実は日本でも過去に１人だけ感染者が出ている。

初めてこの症例が確認されたのは、１９９６年11月、患者は佐賀県鳥栖《とす》市に住む25歳の女性。食品加工会社に勤めていた女性は17日に熱っぽさを感じ、翌日会社を休んだ。

しかし熱は下がらず、19日には38・３度の高熱にくわえて、頭痛やおう吐といった症状が出始める。あまりのつらさに耐えかね、近所の診療所を受診した女性はインフルエンザの診断を受け、その日は薬を受け取って帰宅した。

だが、翌日になっても症状は改善せず、それどころか熱は39・３度にまで上がり、頭痛や悪寒もひどくなっていた。再度、診療所を受診した女性はそのまま入院し、点滴を受けたが、21日になっても熱は下がらず、意識が混濁《こんだく》していった。

郵便はがき

料金受取人払郵便

牛込局承認

7734

差出有効期間
平成30年1月
31日まで
切手はいりません

162-8790

東京都新宿区矢来町114番地
神楽坂高橋ビル5F

株式会社ビジネス社

愛読者係 行

ご住所 〒 TEL:（ ） FAX:（ ）		
フリガナ お名前	年齢	性別 男・女
ご職業	メールアドレスまたはFAX メールまたはFAXによる新刊案内をご希望の方は、ご記入下さい。	
お買い上げ日・書店名 年 月 日	市区 町村	書店

ご購読ありがとうございました。今後の出版企画の参考に
致したいと存じますので、ぜひご意見をお聞かせください。

書籍名

お買い求めの動機

1　書店で見て　2　新聞広告（紙名　　　　　　　　）
3　書評・新刊紹介（掲載紙名　　　　　　　　）
4　知人・同僚のすすめ　5　上司、先生のすすめ　6　その他

本書の装幀（カバー），デザインなどに関するご感想

1　洒落ていた　2　めだっていた　3　タイトルがよい
4　まあまあ　5　よくない　6　その他(　　　　　　　　)

本書の定価についてご意見をお聞かせください

1　高い　2　安い　3　手ごろ　4　その他(　　　　　　　　)

本書についてご意見をお聞かせください

どんな出版をご希望ですか（著者、テーマなど）

容体が急変した女性は、久留米大学病院救命救急センターＩＣＵへ緊急搬送されたが、このときすでに昏睡状態に陥っていた。搬送先では細菌性髄膜炎を疑われ、治療が施されたが、ここでも改善は見られなかった。

そして、22日になってようやく脳髄液の中からフォーラーネグレリアが発見され、原発性アメーバ性髄膜脳炎との診断が下されたのだった。

だが、このときすでに女性は脳死状態で懸命な治療の甲斐もなく、27日午前中に死亡が確認された。発症からわずか9日という短さでこの世を去ってしまった女性の遺体を病理解剖してみると、脳が半球を保てないほど軟化してしまっていたという。女性が感染した経緯はいまだに不明である。

日本でフォーラーネグレリアに感染した症例は、いまだにこの1件だけなので、私たち日本人にはあまりなじみのない話かもしれない。

感染者が多いアメリカやニュージーランド

しかし、7～9月になるとたびたび感染者が出ているアメリカやニュージーランドでは、それほど珍しいことではないようだ。そのため、温泉やプールなどの施設には〝KEEP YOUR HEAD ABOVE WATER（顔を水に浸けるな）〟という注意書きが、当たり前のように置いてあるという。

フォーラーネグレリアによる感染者は現在（２０１５年）、世界中で１９０件ほど報告されているが、なんとそのうちの約130件がアメリカで確認されている。

しかも、そのなかでの生存者は2013年7月にアーカンソー州で感染した12歳の少女を含め、これまでにたった3人だけだという。この12歳の少女は、乳がんの治療薬として開発されていた新薬を実験的に投与した結果、奇跡的に回復を見せた。

その一方で、同年8月にフロリダで感染した12歳の少年は同じ治療を受け、一時回復の兆しを見せたものの、残念ながら助かることはなかった。

そして、9月にはウォータースライダーで遊んで感染したと思われる4歳の男の子も死亡している。

さらにアメリカでは、2014年7月16日にカンザス州で9歳の女の子が、2015年8月30日にはテキサス州で14歳の少年がそれぞれフォーラーネグレリアに感染して死亡している。今のところ、このアメーバに感染してしまったら奇跡が起きない限り、ほぼ助かる見込みはないようだ。

フォーラーネグレリアによる脳炎は、骨髄液の採取をしないと発見がむずかしく、症例も少ないため、正確に診断できる医師もあまり多くはない。そのため原因不明の髄膜炎《ずいまくえん》と診断されることも多いのではないかと考えられている。

ただ、このアメーバの感染力はきわめて低く、フォーラーネグレリアに汚染された水に入ったからといってすべての人が感染するわけではない。むしろ感染すること自体が非常に珍しいことだといわれている。

だが、湖や池などで泳ぐ際にはノーズクリップを使ったり、温泉ではなるべくお湯に顔を浸けないようにしたり、少し気をつけるだけでも感染のリスクをより軽減することができるのだ。

また、湖や池などでは底にたまっている堆積物のなかにアメーバが潜んでいる可能性もあるので、なるべくかき回さないように注意することも大事である。

効果的な治療法が見つかっていない以上、自分でできる感染予防はやっておいて損はないだろう。

パンク町田'sワンポイント

私が子どものころ、映画の影響で人喰いアメーバが流行った。それはフォーラーネグレリアと違い、人を食べるごとに巨大化していく、とんでもなく恐ろしい奴であった。のちに劇団員となった当時の友達がある日、こう言った。
「駄菓子屋のおばさんの子どもは水道の蛇口から出てきた人喰いアメーバに食べられたので、今日は駄菓子屋が休みだ」
そんな話はもちろんウソであった。

Denger Animal 18

【獲物に突進する非情な〝牛鮫〟】
オオメジロザメ

【生態 DATE】
危険度：★★★★
分類：メジロザメ科
体長：2.2 ～ 2.4m

オオメジロザメは、メジロザメ目メジロザメ科、英名では「ブルシャーク」と呼ばれている。

直訳すると「牛鮫」となるので、日本ではそのまま〝ウシザメ〟と呼ばれることもある。ちなみに、沖縄では〝シトナカー〟という呼び方をされることもある。

ちなみ、ブルシャークとは別に、ブルーシャークと呼ばれるサメもいるが、これはヨシキリザメのことであり、本種とは関係はない。

オオメジロザメはおもに太平洋、インド洋、大西洋の熱帯から亜熱帯の大陸沿岸域に分布している。基本的には浅い水域を好むとされ、水深30メートルかそれよりも浅いところでよく見られる。その生息水深範囲は生息地域と同様に広く、水深約152メートルにもおよぶところでもその姿が目撃されている。

また、彼らの生息範囲は海洋だけではなく、河口の汽水域や川の上流、湖などの淡水域でも生息が確認されている。その上、陸封下《りくふうか》での繁殖も可能であり、数多く存在しているサメの中で、唯一淡水でも生きることのできるサメなのである。

日本近海では、南西諸島海域と沖縄諸島の河川で生息が確認されており、近海で捕獲された個体は、沖縄海洋博記念公園水族館（美ら海《ちゅらうみ》水族館）で飼育

されている。

美ら海水族館では1978年から現在にいたるまで長期間の飼育記録を更新し続けている。なお、そのうちの1匹が2006年8月に11匹の幼魚を出産した。

平均的な体長は2・2メートル〜2・4メートル、体重は130キロ程度。3メートルを超える個体は少なく、現在確認されている最大サイズは、ブラジルで発見された3・2メートルだといわれている。

体つきは全体的にずんぐりとした太めな体格で、吻は幅広く、小粒な目をしており、上アゴには鋭いのこ状の大きな歯をもつ。

そして、背中は灰色で、腹側に向かってだんだんと白くなっていく。体の大きさに比べて、第一背びれが小さいのが特徴である。

オオメジロザメは、淡水や汽水域では人の活動の影響を受けやすいと考えられる。環境国際自然保護連合が絶滅の危険性の高さを分類したものでは「軽度懸念」と評価されている。

専門家が選ぶもっとも危険なサメ

人間を襲うことがある危険なサメとしては、ホホジロザメ、イタチザメなどが有名だ。では、一番危険なサメはなんなのか。

一部の専門家の間では、オオメジロザメこそもっとも危険なサメだとされている。なぜならば、オオメジロザメは海だけではなく、塩分濃度の低い汽水や淡水でも生活ができるからである。

彼らが生息している淡水域は、現在確認されているだけでも、南アフリカのザンベジ川とリンポポ川、ホンジュラスのパツラ川、パナマ運河、グアテマラのイサベル湖、インドのガンジス川、イラクのチグリス川、アメリカ南部のミシシッピ川やアマゾン川、オーストラリアのマクアリー湖やブリズベーン川など、さまざまな川や湖がある。

そのため、海だけに生息しているほかのサメよりも、人間を襲う危険度が増すのである。

オオメジロザメは近縁種のイタチザメと同様に、食べられるものはなんでも食べてしまう雑食性だ。好物は魚やアカエイ、サメの幼魚などだが、淡水域ではカバやウシ、イヌなどの哺乳類まで襲うことがある。インドのガンジス川ではオオメジロザメが川で沐浴《もくよく》をする巡礼者を襲ったり、水葬で川に流された遺体を食べることもあるという。

映画『ジョーズ』で魚類担当顧問だったコンパーニョ博士は、過去のサメが人を襲った事件の多く

海洋だけでなく、汽水や淡水でも生息しているため、人間を襲う危険性は非常に高い。

は、このオオメジロザメが真犯人ではないかと述べている。

その根拠としてあげられるのが「ニュージャージーサメ襲撃事件」である。

1916年7月1日にアメリカのニュージャージー州の海岸で、遊泳中の男性がサメに襲われて死亡するという事件が起きる。

それから5日後の7月6日、今度は襲撃現場から40マイルほど離れた海岸で、泳いでいたホテルの従業員が両足を喰いちぎられて死亡した。

さらにその6日後の12日、2度目の襲撃事件の現場から30マイル離れた、ラリタン湾にそそぐ淡水のマタワン川で遊んでいた少年が、またしてもサメに襲われる。

川では数人の少年が遊んでいたが、突然、そのうちの1人が引き込まれるように水のなかに消えたかと思うと、あたり一面が瞬く間に赤く染まっていった。

残された少年たちは大あわてで川から出て、大人たちに助けを求めた。

騒ぎを聞きつけた青年たちが川に飛び込み、消えた少年の姿を探したが、水のにごりがひどく見つけることができなかった。あきらめて川からあがろうとしたとき、青年の1人がもう一度川底まで潜ってみると、そこには少年をくわえたサメがいたのである。

勇敢な青年は、サメに殴りかかった。するとサメは少年の身体を離したが、今度は青年に襲いかかり、足に喰らいついてきた。青年はすぐに救出されたものの、出血がひどく、搬送先の病院で息を引き取ってしまった。

その後、サメは事件を知らずに近くで泳いでいた少年を襲った。少年は足に大けがを負ったが、なんとか命は助かった。ちなみに、青年が助けようとした最初に襲われた少年は、後日、遺体となって発見されている。

こうして5人が襲われ、そのうちの4人が死亡したこの悲惨な事件は、その後、捕らえられたホホジロザメが犯人だとされた。だが、そのうちの3件は河口付近から3キロメートル以上もさかのぼった川で起きていることから、真犯人はホホジロザメではなく、淡水で生息できるオオメジロザメではないかと考えられている。

ニュージャージーサメ襲撃事件は、周辺の住民たちを大いに震え上がらせ、映画『ジョーズ』にも影響を与えたとされている。

世界各地で被害者が続出

このほかにも、オオメジロザメによる被害はいくつも報告されている。

2013年7月22日には、ブラジル北東部ペルナンブコ州レシフェの海岸で、18歳の女性がオオメジロザメに襲われ、左足のふくらはぎのほとんどをかみちぎられるという痛ましい事故が起きている。

この事故は、ビーチに設置されていた防犯カメラに、遠目ではあるが一部始終が記録されていた。そこには、突然女性が水しぶきをあげながら水中に姿を消したかと思うとすぐにまた浮き上がり、またたく間に海面が赤く染まっていく様子が映し出されていた。

またこれとは別に、救助される女性の様子を近くにいた人が撮影した動画もネット上にアップされている。そのあまりに生々しくショッキングな映像は思わず目をそむけてしまいたくなるほどである。病院へ搬送された女性は、左足を切断する緊急手術を受けたが、その日の深夜に死亡が確認された。

さらに、最近では2015年11月10日に、オーストラリア東部ニューサウスウェールズ州バリナのサーフスポット「ノースウォール」で若手プロサーファーのサム・モーガン氏がオオメジロザメに襲われている。

モーガン氏はボードと左足を一緒にかみつかれたものの、なんとか自力で海岸まで戻り、その場にいた友人たちに助けられ病院へと搬送された。

重傷を負ったモーガン氏は手術後、一時こん睡状態に陥っていたが、事件から2日後の12日に無事に目を覚ましたという。さいわい命に別状はないようだが、将来が期待されているサーファーだけに1日も早い回復が願われている。

ちなみに、今回事件が起こった場所から目と鼻の先では、2月に日本人のサーファーがサメの襲撃によって命を落としたばかりであった。

このように海水浴場などの浅瀬にも現れるオオメジロザメは、人との距離が近い分、襲われる人は絶えず、日本でもその被害が報告されている。

1996年7月23日、沖縄県宮古島平良市のホテルアトールエメラルド沖1500メートル付近でサンゴの生育調査をしていた52歳の男性がサメに襲われている。

海中でサメに遭遇した男性は、すぐに海上で待機していたダイバー船に助けを求めた。だが、引き揚げられたときには、右胸から下腹部にかけて縦35センチメートル、横30センチメートルほどを楕円形に喰いちぎられ、すでに息絶えていた。男性の体は胃と腸がなくなった状態だったという。

その後、男性の左手首から2片の歯のかけらが見つかり、その痕跡から男性はオオメジロザメに襲われたものと断定された。

このように、悲惨な事件が数多く報告されているオオメジロザメだが、近年ではゴルフ場にサメが棲みついているというなんともおかしな話題が世間を騒がせたこともあった。

オーストラリア・ブリスベーンにある、ゴルフ場の14番コースの中央にある池にオオメジロザメが

6匹ほど棲みついていて、ゆうゆうと泳いでいるという。しかも、体長2・5～3メートルほどもあるサメが池で泳いでいるのにもかかわらず、ゴルフ場は普通に営業しているというのだから驚きだ。

何故、こんなところにオオメジロザメがいるのかというと、数年前に大洪水で川が氾濫した際に、ゴルフ場の池にまぎれ込んでしまったそうだ。その後、水かさが減ってしまったため、そのまま池に閉じ込められてしまったのだという。

恐ろしいサメが棲みついたゴルフ場は、意外にも地元ゴルファーたちには好評なようで、泳ぐサメをながめながら優雅にゴルフを楽しんでいる人も多い。その一方で、池に落ちたボールを拾ってお小遣い稼ぎをしていた子供たちの姿はまったく見られなくなったという。

パンク町田'sワンポイント

サメに襲われたくない人に朗報がある。サメの多くの視細胞は桿体《かんたい》しかない。それはサメには色が区別できないということだ。だから、これを利用してサメが見分けづらい色を着用すればよい。オーストラリアではすでに小波に溶け込むようなカムフラージュパターンやウミヘビ柄のウエットスーツ、サーフボートの販売が開始されている。

Denger Animal 19

ピラニア

【ホントは臆病なアマゾンの殺人魚】

【生態DATE】
険度：★★
分類：セルサラムス科
体長：25～60cm

ピラニアは、自らのテリトリーに侵入した獲物に容赦なく襲いかかり、骨になるまでむさぼりつくす肉食魚というイメージが強い。

しかし実際のピラニアは、私たちが想像しているよりもずっとおとなしい。本来ピラニアはとても臆病で、自分よりも大きな動物を前にすると、すぐに逃げ出してしまうのだ。

ピラニアとは、アマゾン川など南アメリカの熱帯地域に生息している肉食の淡水魚の総称で、1種類の魚の名前ではない。

ピラニアと呼ばれている魚は、おもにカラシン目セルサラムス科セルサラムス亜科に属しているが、その他に分類される種もある。

平均的な体長は25~40センチほどだが、小型の種は15センチ、大型の種では60センチほどに達し、種類によってかなりの差がみられる。

現在、ピラニアと名のつく魚は30種類以上確認されているが、日本でピラニアといえばピラニア・ナッテリーのことを指すことが多い。

この種は、ずんぐりとした体つきに体の上部が緑色で腹部が赤色をしている魚で、日本では500円前後で稚魚《ちぎょ》を購入することができる。そのため、国内ではもっとも多く飼育されているという。

先にも触れたが、ピラニアは基本的に臆病な性格

のため、1匹でいるよりも群れで行動することを好む。ただしある条件を満たすと、その性格は豹変《ひょうへん》する。

水面を激しく叩いたり、血の匂いを漂わす行為は、興奮状態に陥る要因を招くのだ。そして、いったんスイッチが入ると、自分よりもはるかに大きな獲物にも群れで襲いかかることもある。

過去には、その鋭い三角形の歯で体重45キロものカピバラをわずか1分足らずで骨だけにしてしまったという報告もあるのだ。

ちなみに、ピラニアといえば鋭くとがった歯が最大の特徴だが、その名前は現地のインディオの言葉で「歯のある魚」という意味だという。

三角の鋭い歯が並び、下アゴの歯のほうが大きいため、強力な力で獲物をかむことができる。

日本では、1950年代後期にブラジルから輸入されてから、観賞魚として飼育されている。鋭い歯に注意さえすれば、比較的飼育することは容易だとされている。

南米では毎年100人以上が被害に

無数のピラニアが一瞬で人間を食べつくす。

1978年に公開された映画『ピラニア』の衝撃的なワンシーンによって、人々は魚に襲われるという未知の恐怖を植えつけられた。

それによって私たちの多くは、ピラニアを〝アマゾン川に棲む殺人魚〟だと認識してしまっているが、はたして本当にそうなのか。

その疑問を検証するべく、アニマルプラネットの人気番組「リバーモンスター」で、ジェレミー・ウェイド氏が体をはって、ある実験を行った。

ジェレミー氏は、100匹以上のピラニアが泳ぐプールに、なんと海水パンツ一枚という無防備な姿でゆっくりと身を沈めたのだ。映像には、ピラニアと同じプールに入っているにもかかわらず、にこやかに微笑むジェレミー氏が映し出されたが、見ているほうは気が気ではない。

今回、ジェレミー氏は何事もなく生還できたが、なんともハラハラさせられる実験である。

では、ピラニアが人喰い魚というイメージは間違いだったのか。

いや、そうではない。

生息地の南米では、ピラニアに襲われる人は多く、毎年100人単位の被害者が報告されている。

その鋭い歯で、過去には体重45キロものカピバラを1分足らずで骨だけにしたという。

１９７６年、アマゾンでバスの衝突事故が起き、車両が川に転落した。この事故で39人もの人が亡くなったが、引き揚げられた何人かの遺体には、ピラニアによって喰いちぎられたような跡が見られたという。

なかでも損傷の激しかった遺体は、身に着けていた衣服からようやく身元が判明するほど喰いつくされた状態であったそうだ。

近年では、２０１１年12月にボリビアで突然カヌーから川に飛び込んだ18歳の漁師の青年がピラニアに襲われて死亡している。この青年は酒に酔っていたという証言もあるようだが、地元警察は自殺の可能性が高いという見方を示している。

また２０１３年12月25日には、アルゼンチン中部のロサリオで60〜70人もの人々がピラニアの群れに襲われるという惨劇が起きている。

この日アルゼンチンは、これまでにない猛暑に見舞われていた。大勢の人々が涼を得ようと川で水浴びをしていたところ、突如現れたピラニアの群れに腕や足の指、下肢などをかまれたというのだ。

さいわい死者はでなかったものの、7人の子どもが手足に大怪我を負い、7歳の少女は左手を激しく損傷していたため、指の切断を余儀《よぎ》なくされた。

この事件を起こしたのは、ピラニアの中でも最大種の「パロメタ」と呼ばれるものではないかといわれており、この川では過去にも何度か似たような被害が起きているという。

ほかにも、2014年4月には、ブラジルのコルンバー湖で水遊びをしていた観光客が足の指の一部をピラニアに喰いちぎられるという事故が起きている。同湖では2015年1月初旬にも遊泳中の観光客がピラニアに足をかまれている。

2015年1月には、南米ペルー・レケナのアマゾン流域で11歳の少年がピラニアに襲われ、ほとんど喰いつくされた骨だけの状態で発見された。インターネットには、嘆き悲しむ少年の親族とみられる人々の悲痛な叫びと、頭以外のほとんどが骨だけになってしまった少年の遺体が引き揚げられ、ブルーシートに静かに安置される様子を記録した映像がアップされている。

また2015年2月には、ブラジルのアマゾン川下流部の熱帯雨林として知られるモンテ・アレグレにあるマイクル河でカヌーが転覆し、川に落ちた6歳の少女がピラニアに襲われ死亡している。

家族とカヌーを楽しんでいた最中に川に投げ出された少女は、そのまま行方がわからなくなり、その後、遺体となって発見された。

引き揚げられた少女の遺体は、両足の肉がすべて喰いつくされ、骨がむき出しの状態であった。そのあまりに変わりはてた孫の姿に祖母はショックを受け、遺体を直視することができなかったという。

なお、少女はでき死後にピラニアに襲われ、肉を食べられたのではないかと見られている。

先に紹介した少年の事件同様、インターネットではこの少女の遺体写真がアップされているが、非常に生々しく悲惨なものなので苦手な人は見ないことをオススメする。

異常気象が原因？　ピラニアが凶暴化

本来臆病であるはずのピラニアによる、こういった痛ましい事件は意外にも多く、その被害は近年、特に増加傾向にあるようだ。

その原因のひとつとして、異常気象などの環境の変化が何かしらピラニアに影響を与えているのではないかとも考えられているが、いまだ詳しいことはわかっていない。

とにかく、ピラニアの凶暴化の原因が明らかになっていない以上、自分の身を守るためには彼らの生息域に安易に立ち入らないのが賢明だろう。

だがここで問題がひとつ。本来なら生息しているはずのないピラニアが、近年、日本でも捕獲されているという。

アマゾンに比べて水温の低い日本でピラニアが寒い冬を越すのはむずかしいとされている。今のところ大量に繁殖することはまずないといわれている。しかし、もし環境に適応したピラニアが異常繁殖するようなことがあれば、決して楽観視できる問題ではないだろう。現に、池などで発見したピラニアを捕まえようとして、指にかみつかれるといった被害もすでに報告されているのだ。

これらは、身勝手な人間が手に負えなくなったピラニアを無責任に放流したことがおもな原因だとされており、飼い主のモラルが問われているのである。

パンク町田'sワンポイント

以前、最強最大と呼ばれるブラックピラニアの38センチを飼っていたのだが、いつも寝そべるようにして身を隠す臆病者であった。当時飼っていたボクサー犬が水槽にぶつかり大破したため、やむをえずブラックピラニアを暴れ者として名高いフラミンゴシクリットという赤く大きな魚（38センチ強）との混泳にした。フラミンゴシクリットは激しいイジメの王である。水槽を買いに外出後、魚の様子をのぞき込むと……。フラミンゴシクリットは3分の1になっていた。ブラックピラニア、人が見ていないときはそうとうの暴れ者だったのだ。

【第三章】

ヒトを喰う身近な生き物

Denger Animal 20

【子どもを襲う恐怖の巨大ネズミ】
アフリカオニネズミ

【生態 DATE】
危険度：★
分類：げっ歯目
体長：25 〜 45cm

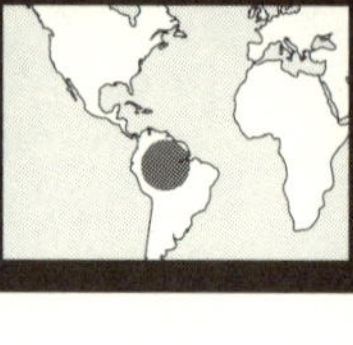

ネズミは世界中にいる。
そのなかでもっとも大きい種類といえば、ここで紹介するアフリカオニネズミである。

アフリカオニネズミは、その名のとおり、アフリカに生息するネズミで、サハラ砂漠近辺からアフリカの広い地域に分布している。雨林地帯や高地、草原、積み重ねられた丸太の下、巨大な岩の上などを好んで棲むネズミだ。

アフリカオニネズミは、体とほぼ同じ長さの尾を持っており、長い尾を引きずらないように器用に持ち上げて走る。

その大きさは成長すると、体長は25〜45センチ、尾の長さは36〜46センチにもなる。

体重は1〜1・5キロほどで、日本でよく見かけるドブネズミに比べると一回り大きく、子ネコほどの大きさがある。

アフリカオニネズミは、細長い頭に大きな耳が特徴。体毛は背中部分が灰色か褐色をしており、腹部にかけて徐々に白っぽくなっていき、足だけが白色もしくはピンク色をしている。

その一方、長い尾はウロコ状の皮膚におおわれており、まったく毛が生えていない。

目はあまりよくないようだが、その分、嗅覚が非常に鋭く、わずかな臭いでも嗅ぎ分けることができ

るという。

アフリカオニネズミは夜行性で、穀物や果実、木の実、昆虫などを食べている。

エサを見つけてもその場で食べることは少なく、ホホにある大きな袋（「ポーチ」と呼ばれる）にパンパンになるまで詰め込んで、一度巣に持ち帰ってから少しずつ食べる。

そういった習性や特徴から、英名では「ジャイアント・ポーチド・ラット」と呼ばれている。

アフリカオニネズミは胎生で、メスは生涯で多くの子どもを産む。一般的なメスの妊娠期間は1ヶ月程度と短く、1年間に10度も出産できる。メスは1回あたりに1〜5匹の子どもを産む。

アフリカオニネズミは人になつきやすい性質があるため、海外ではペットとして飼われることもある。

その一方で、アフリカ諸国などでは食用にされることもあり、現地ではたんぱく源として重宝されている。

幼女の顔を喰い荒した犯人の正体

2011年5月25日、南アフリカ共和国の南西部の都市ケープタウン郊外のスラム街で、3歳の幼女が何者かによって喰い殺されるという事件が発生した。

母親が簡易ベッドで眠っていた娘の異変に気づいたときには、幼女の顔は無残に喰い荒らされており、ほとんど原型をとどめていない状態だった。母親は、そのときの様子を次のように語っている。

「娘の顔はまぶたからほほにかけて食べられていて、もう一方の目は肉についたままぶら下がっていました」

通報を受けた警察は、すぐにトタン屋根と軽量ブロックでできた自宅を捜査し、現場の状況や遺体の損傷から、ある意外な犯人の名を口にした。

「こんなことをするのは、ネズミしかいない」

幼女を襲った犯人は、なんとネズミだというのである。

たかがネズミに喰い殺されるなんてことあるはずがない、そう思う人もいるだろう。

しかし、ネズミといっても、今回の事件を起こしたアフリカオニネズミは尾までの長さが90センチにもなる巨大なネズミで、前歯の長さも2センチ以上もある種なのだ。私たちの知っているドブネズミやハツカネズミとは似て非なるものなのである。

夜行性で、通常は穀物や果実、木の実、昆虫などを食べている。

南アフリカでは被害が続出

実は、南アフリカではそんなアフリカオニネズミがヒトを喰い殺したというショッキングな事件が、数多く起きている。

2011年5月25日、3歳の幼女が襲われた同日にヨハネブルク近くのソウェト地区でも幼い命がアフリカオニネズミによって奪われた。

幼児は十代の母親が友人と出かけている最中に襲われたようで、わが子を1人で放置した母親は監督責任を問われ、事件後、過失致死で逮捕された。

さらにこれらの事件の1ヶ月ほど前の4月には、77歳の老人が自宅で寝ている間に、顔の右側をアフリカオニネズミに食べられて死亡している。

家で寝ている間に人間がネズミに食べられるなんてことを、一体だれが想像するだろうか。

このアフリカオニネズミは、実はとても人になつきやすく、現地ではペットとして飼われることもある。だが、抵抗する力の弱い小さな子どもやお年寄りにとっては、ネズミといえどときとして恐ろしい脅威になることもあるのだ。

ちなみに、日本ではアフリカオニネズミの輸入は自粛しているため、このような事件が起こる可能性は低いだろう。

地雷の撤去作業の救世主

そんなアフリカオニネズミには、近年ある意外な場でその活躍に期待が高まっている。

それは、いまだに世界中の多くの場所に埋められたままになっている地雷の撤去作業の手伝いである。地雷の撤去はつねに危険と隣り合わせであり、くわえて莫大なコストと時間がかかる。

なかなか思うように撤去作業が進んでいないのが現状で、毎年数千人以上もの人が地雷を踏んで体の一部を失ったり、ときには命をも落としている。

だが、嗅覚が非常にすぐれているアフリカオニネズミは、地中に埋まっている地雷から出るわずかな臭いを察知することができ、たとえ地雷を踏んでも体重が軽いので、爆発せずに地雷を探し当てることができる。

まさに地雷探索には最適な動物で、地雷の被害が相次ぐ地域にとって、アフリカオニネズミは救世主ともいえる存在なのである。

またそれだけではなく、世界で死者数が2番目に多いとされている結核の感染者の発見にも、このアフリカオニネズミの嗅覚が役立つのではないかと期待されている。

日本の医療現場でアフリカオニネズミが活躍する日が来るのも、そう遠くはないのかもしれない。

パンク町田'sワンポイント

殺人ネズミ、怖いですね～。でも実は、ネズミはとっても仲間思いなのだ。シカゴ大学の実験では、完食できる量のエサを与えても、とらわれた仲間のネズミを助け出し、約半分の量に値する平均48パーセントのエサを、助け出されたネズミに分け与える結果になった。つまり、ヘタな友だちよりネズミのほうが、情が深く賢いことがこの実験により明らかになったのだ。

Denger Animal 21

サナダムシ

【脳を穴だらけにする戦慄の寄生虫】

【生態 DATE】
危険度：★★
分類：テニア科、裂頭条虫科
体長：5～10m

　寄生虫の代名詞ともいえるサナダムシだが、特定の一種だけを示したものではなく、テニア科や裂頭《れっとう》条虫《じょうちゅう》科の扁形《へんけい》動物の総称である。

　一見、長いひものように見えるが、サナダムシは一つの頭節に無数の四角もしくは長方形の片節がつながってできている。長さは、長いものになると10メートルにも達する。

　丸みを帯びた頭節には、寄生した宿主にくっつくための吸盤やカギがついており、体の表面から栄養を吸収する。

　そして、頭節に連なる片節にはひとつひとつに雌《し》雄《ゆう》の生殖器官があるため、単体でも片節同士のメスとオスでも受精が可能なのだ。

　片節は後方になればなるほど成熟していき、卵がたくさん詰まっているが、長くなるにつれて後方から切れることもある。

　切れた片節は、便と一緒に排出される場合もあるが、体内に頭節が残っていればまたすぐに新しい片節ができる。そのため、完全に駆除するには頭節を体外に出さなければならない。

　だが、現在はよい駆虫の薬があるので、もしサナダムシに寄生されても医療機関に受診すればなんら問題はない。

　そんなサナダムシのなかでも一般的によく知られ

ているのが〝広節裂頭条虫《こうせつれっとうじょうちゅう》〟という種で、世界中に広く分布が確認されている。

これは長さが5～10メートルにもなる長大な寄生虫のため、昔からその存在が知られていた。日本では〝寸白《すばく》〟と呼ばれ、さまざまな古典文献にその名が記載されている。

広節裂頭条虫は、サケやマスなどの魚を生で食べることによって感染するとされており、感染すると下痢や腹痛などの症状がでる。

しかし、人によっては感染していても気がつかないこともあり、排便時に肛門からサナダムシが現れてから、初めて感染に気がつくというケースもあるという。

広節裂頭条虫は終宿主がヒトで、小腸内に寄生するが、大きい割にそれほど害はない。

そのため、一時期ダイエット効果があるともいわれていたが、専門家の大半はこれには反対の意見を示している。

脳を穴だらけにする〝有鉤嚢虫〟

ある日、突然、自分の体から白くて長い、得体の知れないものが出てきたとしたら……。それはどんなホラー映画よりも恐ろしいことだろう。

白くて長い寄生虫といえば、サナダムシ（広節裂頭条虫）を思い浮かべるだろうが、実はサナダムシの大部分はそれほど害がない。ヨーロッパの広節裂頭条虫のように悪性貧血を起こす種類もいるが、日本のサナダムシ（日本海広節裂頭条虫）は基本的に無害で、なかにはわざと自分で幼虫を飲んで観察するような研究者もいる。

しかし、だからといってサナダムシがすべて〝安全〟なわけではない。

なかには感染すると死にいたることもある、危険な種もいるのである。その代表的なものが〝有鉤《ゆうこう》嚢虫《のうちゅう》〟と〝芽殖孤虫《がしょくこちゅう》〟だろう。

有鉤嚢虫は、ブタやイノシシの筋肉に寄生するサナダムシの一種である。

おもな感染ルートは、感染したブタやイノシシの肉や血液で、体内に入った有鉤嚢虫は小腸に移動、そこで成虫（「有鉤条虫」と呼び名が変わる）になり、養分を吸い取りながら卵を産卵する。

有鉤嚢虫はヒトの小腸で成熟し、産卵する（これを「終宿主」という）ため、小腸にいる限りは腹痛や下痢といった症状が出る程度ですむ。怖いのが、水や食物を通じて有鉤嚢虫の卵を口にしたり、

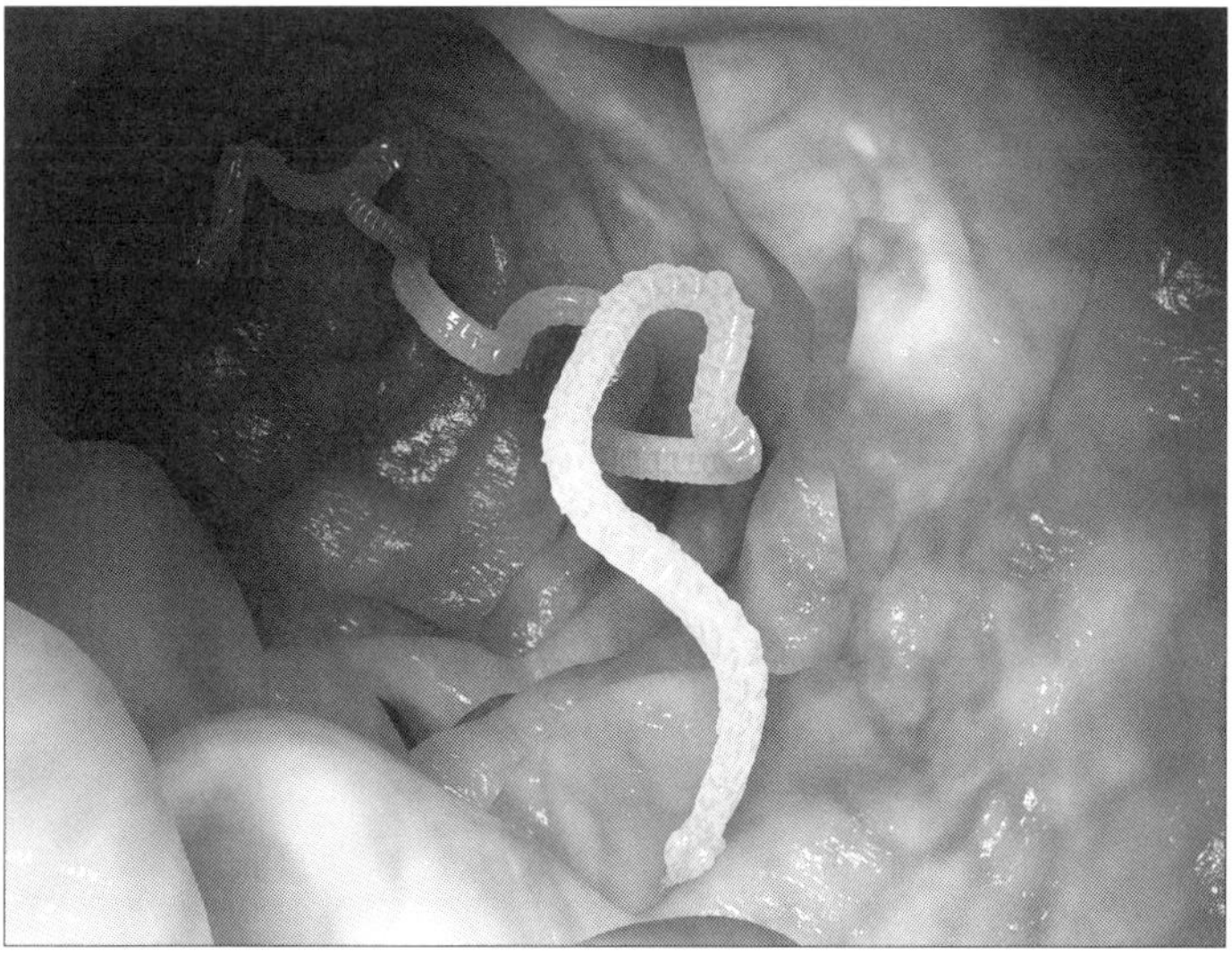

長いものでは10メートルに達するものが小腸内に寄生していることもある。

小腸で産卵された卵がなんらかの原因で小腸の外に出てしまった場合である。

体内に入った有鉤嚢虫の卵は、血流に乗り、心臓や肺、脊髄、脳、眼など体のさまざまな場所に運ばれていく。そこで卵が孵化することで、問題を引き起こすのだ。

なかでも深刻なのが、脳や眼への寄生である。脳や眼が有鉤嚢虫に感染すると、神経がむしばまれ、痙攣《けいれん》や意識障害、視力の低下などの症状が起きる。最悪のケースでは、失明したり、脳を穴だらけにされてしまうこともある。

２０１４年2月18日、中国でブタの生き血を飲んだという男性が、めまいや脱力感、視力の低下を訴えて病院を訪れた。男性の頭部をＣＴスキャンで撮影すると、大脳内に有鉤嚢虫の幼虫が19匹も寄生しているのが見つかった。男性の住む地域には、ブタの生き血を飲む習慣があり、この男性も好んでそれを飲んでいたという。

同じ年の11月には、アメリカのカリフォルニア州で26歳の男性が、脳の緊急手術を受けている。男性は9月ごろから頭痛を訴えていたが、11月になり症状は急変。激しいおう吐を繰り返したため、病院に緊急搬送された。男性の脳には有鉤嚢虫が寄生しており、コルクのような栓を作って脳髄液《のうずいえき》の流れを邪魔していた。男性はその後、意識不明の重体に陥ったため、緊急手術を決断。幼虫は摘出され、男性は一命をとりとめたが、医師によると男性の頭部には4年もの間、有鉤嚢虫が寄生しており、手術があと少しでも遅ければ命を失っていた可能性があるという。

有鉤嚢虫のおもな感染経路は、生のブタやイノシシの肉だが、ときには意外なもので感染することもある。

1994年8月には、神奈川県在住の21歳の女性が有鉤嚢虫に感染。有鉤嚢虫は脳に寄生しており、女性は左上肢《じょうし》のしびれや、右上肢の筋力低下を訴えていた。

患者が開頭手術を拒否したため、化学療法で様子を見ることとなったが、1ヶ月後には徐々に快方へ向かった。

先ほどの中国の男性のケースと違い、この女性には生肉を食べる習慣もなければ、生き血を飲む習慣もなかった。ただ、この女性は焼き肉が好きで、韓国製のキムチをよく食べていた。そのキムチが有鉤嚢虫の卵で汚染されていたために、感染した疑いがあるという。

脳に寄生する恐ろしい有鉤嚢虫だが、基本的には衛生環境が整っているところでは感染例は少ない。

日本でも感染者はごくわずかである。脳を寄生虫に食い荒らされたくなければ、少なくともブタ肉の生食だけはやめておいたほうがいいだろう。

全身が虫だらけになり死に至る〝芽殖孤虫〟

ヒトの脳をむしばむ有鉤嚢虫も恐ろしいが、さらに危険なのが〝芽殖孤虫〟だ。

芽殖孤虫は生態の大部分が解明されていない、謎だらけの寄生虫である。

これまで報告された感染例は、世界でわずか十数例ときわめて少ないが、その致死率は１００パーセント。報告されたすべての例で死亡しているのである。

芽殖孤虫は最大で全長10ミリ程度になる寄生虫で、棒状のものから、ワサビの根のようなものまで、さまざまな形をしている。全身が薄い膜のようなもので包まれており、ヒトに寄生すると芽のようなものを伸ばし、成長すると膜を破って分裂する。それを何度も繰り返し、やがて体中を芽殖孤虫で埋めつくしてしまうのである。

芽殖孤虫は移動するため、外科手術での摘出がむずかしい。かりに一部を摘出できても、体内に残ったものが分裂を続けてしまう。いまのところ、治療法は不明である。

初めて芽殖孤虫の感染例が確認されたのは、１９０４年。場所は日本だった。

患者は東京に住む33歳の女性で、５年ほど前から左太ももに腫《は》れが見られ、一度、切開手術を受けていた。しかし、その後、腫れは右足や下腹部に広がり、体全体にかゆみをともなうデキモノが現れた。そのデキモノをひっかくと、なかから白い虫のようなものが出てきたというのだ。これが芽殖孤虫の初の確認事例で、翌年、芽殖孤虫は新種の寄生虫として学会で発表されている。

1915年9月15日には、再び日本人が芽殖孤虫に感染している。

患者は熊本県在住の18歳の女性で、悪寒や頭痛、食欲不振などカゼによく似た症状をへて、左太もの内側に痛みをともなう腫れが生じた。腫れは日に日に痛みを増していったため、何度か病院で切開してもらったが、大量の膿《うみ》が出るだけで、2年たっても腫れは引かなかった。その後、腫れをひっかくと膿や血の中に白い虫が混じるようになり、ときには一度に20～30匹の虫が出ることもあった。

6年後、女性は九州大学病院に入院する。何度も手術を受けたが、病状は回復せず、腫れは徐々に広がっていき、入院から1年後、女性は全身を寄生虫にむしばまれて亡くなってしまった。

死後、女性の遺体を解剖したところ、腫れのあった胸や腹、大腿部の皮膚だけでなく、脳の表面や肺、小腸、腎臓、膀胱といった場所からも無数の芽殖孤虫が発見された。

2016年1月現在、芽殖孤虫のもっとも新しい症例は、1987年に感染した茨城県在住の48歳男性のケースである。

男性は腰の右側に痛みを訴え、5月に東京都港区の虎の門病院に入院していたが、9月29日に呼吸困難のため死亡している。

この事例は、それまで骨には入らないと思われていた芽殖孤虫が男性の腰骨から発見された珍しいものでもあり、新聞にも掲載された。

はっきりとした感染経路はわかっていないが、男性が井戸水を使っていたことから、汚染されたミジンコが感染の原因ではないかと考えられている。

芽殖孤虫はとにかく謎が多く、どういう成虫になるのか、また、どういった経路で感染するのかといった基本的な部分すらわかっていない。すべてが深いベールに包まれた、恐るべき殺人寄生虫。それが芽殖孤虫なのである。

パンク町田'sワンポイント

かれこれ20年近く前の話になるだろうか。私はニューギニア島に足を運ぶ機会が多かった。そこで出くわした男性の1人は、顔、手、足、腹、背……と全身にボコボコと小さなコブのようなデキモノがまんべんなくあった。あれはきっと芽殖孤虫に寄生されていたのではないだろうか？　なんといっても当時、彼らはブタやヒトを生で食べていたのだから。

Denger Animal 22

ジャイアントパンダ

【動物園の人気者に隠れた肉食獣の本性】

【生態 DATE】
危険度：★★★
分類：クマ科
体長：1.2 ～ 1.5m

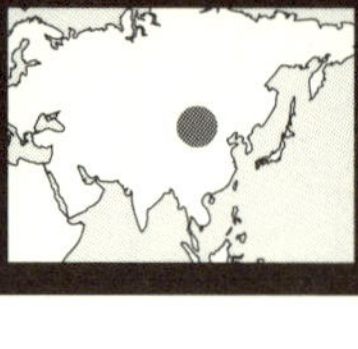

ジャイアントパンダは哺乳網食肉目クマ科に属する大型の動物である。

全体的に丸みのあるがっしりとした体つきに、白と黒にはっきりと分かれている体毛が最大の特徴で、耳と目の周り、鼻、四肢、両肩が黒く、そのほかは白色またはクリーム色をしている。

体毛は成長するとともに硬くなっていき、油っぽくゴワゴワしていて、尾は13～20センチと短い。体長は１・２～１・５メートル、体重は80～１５０キロ程度。

絶滅危惧種に指定されているため、中国では30ヶ所以上の保護区を設け、保護活動に力を入れている。

ちなみに野生のジャイアントパンダは中国の四《し》川省《せんしょう》や陝西省《せんせいしょう》、甘粛省《かんしゅくしょう》などの限られた地域でのみ生息が確認されているが、実際にはもっと広い生息域を持つものとみられており、標高１３００～３５００メートルほどの竹林に単独で暮らしている。他のクマと違って冬眠はしない。

ジャイアントパンダは通常、一度に１～２頭の子どもを産むが、たいていは1頭しか育てない。繁殖期は年に一度、それも3～5月の間と限定されている。くわえてメスの受精可能な期間が非常に短い（2～3日）ため、繁殖が非常にむずかしい。

生まれたての子どもは全身まっ白で、２週間ほど

すると黒い毛が生えはじめる。体長は15センチほどで、体重は100~200グラムとかなり小さい。

おもな食事は竹の幹や葉、タケノコだが、ほかにも昆虫や魚、小動物、果物なども食べる。だが、竹は栄養価が低いため、ジャイアントパンダは毎日20~30キロもの大量の竹を食べなければならない。

そのため、1日のうち10~16時間ほどを寝てすごし、起きている時間のほとんどを食事に費やすのだ。

しかし、消化官がライオンなどの肉食動物と同じくらい（約7メートル）しかないので、結局はおよそ17パーセントしか消化されないまま、すぐにフンとして排出されてしまう。

ジャイアントパンダはクマのなかでも特に顔が大きく、丸顔だが、その理由は硬い竹を主食にするために咀嚼筋《そしゃくきん》が発達し、同時に頬弓骨・下顎骨等、頭部の骨も発達したからだとされている。

それにともない、奥歯は一度に大量の竹枝をかみ切るために大きく平らになり、前足も竹をつかめるよう進化を遂げた動物であることが明らかになった。

獣の肉をむさぼる姿が撮影され話題に

その愛くるしい姿から世界中の人々に愛され、中国では国宝として大切に保護されているジャイアントパンダ。もちろん日本でもその人気は絶大で、1972年10月28日に上野動物園にやってきた〝カンカン〟と〝ランラン〟をはじめ、現在も多くの人々から愛されている。

そんな動物園の人気者のジャイアントパンダだが、実はその外見からは想像できない凶暴な一面も秘めている。

2011年11月上旬、中国の四川省綿陽市《めんようし》にある平武県《へいぶけん》の林業局スタッフによって、衝撃の映像が撮影され、話題となった。

カメラには、中国ではチベット、四川省などの高山に生息するヤギに近い動物である〝ターキン〟の死骸をしばらく観察した後、ゆっくりと近づき、その肉をむさぼるジャイアントパンダの姿が記録されていた。ターキンは成獣のオスだと体重150～400キロ、メスだと250キロにもなる大型の動物だが、そのパンダは4時間ほどで骨も残さずきれいに完食して去って行ったのだ。

また、2013年2月には、四川省で野生のパンダが家畜の子羊を喰い殺し、逃げる際にも獲物を放さずに持ち去る様子が激写されている。

本来、ジャイアントパンダは肉食動物なので、肉を食べてもなんら不思議なことではない。

起きている時間のほとんどを食事に費やし、１日に20～30キロもの竹を消費する。

しかも、日本ではあまり知られていないが、中国ではわりと頻繁に動物園の飼育員や来園者がパンダに襲われたり、ケガを負う事件も起きている。

２００7年8月4日には甘粛省蘭州市《らんしゅうし》の五泉山《ごせんざん》動物園で飼育員の男性がパンダのランザイ（蘭ちゃん）に襲われ、１００針近くを縫う大ケガを負った。

男性はエサやりのために飼育舎に入ったところを蘭ちゃんに襲われたようで、腕や足を何度も引っかかれたりかまれたりした。事件を起こした蘭ちゃんは1週間ほど前に四川省から同動物園に引っ越してきたばかりで、精神的に不安定だったのではないかとされている。

また、２００8年6月22日には江蘇省《こうそしょう》にある蘇州《そしゅう》動物園で、ジャイアントパンダの〝蘇《スー》蘇《スー》〟が女性客に襲いかかった。

女性は夫と子どもと3人でこの動物園に遊びに来ており、パンダのオリの近くで写真を撮っていた。だが、その場を離れようとした瞬間、パンダに襲われ右手親指の第一関節をかみちぎられたのだ。

しかし、同動物園の関係者によると、事件当日、被害者家族が職員専用通路からパンダ舎に侵入しようとしているのを1人の職員が目撃している。職員はなかに入らないよう注意したが無視されたと話しており、被害者が自らオリのなかに手を入れた可能性があると指摘している。

同年には他にもパンダに人が襲われたという事件が相次いで報告されており、10月には杭州《こうしゅう》動物園で脱走したパンダの〝成成《チョンチョン》〟が警備員のくるぶしに噛みつき、20針も縫う大ケガを負わせている。〝チョンチョン〟は工事のために放置されていたハシゴを登って囲いの外へ出たとみられており、被害に遭った警備員は「運が悪かった。不注意だった」と話している。

そして翌月の11月21日には、桂林《けいりん》にある動物園で20歳の男子大学生が、パンダの〝ヤンヤン〟に抱きつこうとして襲われている。男子学生は自ら柵を乗り越えてパンダ舎に侵入。なかで寝ていた〝ヤンヤン〟は突然の侵入者に驚き、学生の両腕と両足に何度もかみついた。その後、学生は駆けつけた飼育員によって救出されたが、病院で治療を受けた際に、「まさかかわいいパンダが襲ってくるとは思わなかった」と話したという。

それだけではなく、12月30日には河北省邯鄲市《かほくしょうかんたんし》の叢台《そうたい》公園で飼育されていたパンダの〝陽光《ヤングアン》〟が観光客の女性を襲った。

女性はパンダのオリの前で記念写真を撮ったり、エサをあげたりした後、〝ヤングアン〟の頭をなでようとしたが、突然、腕にかみつかれてしまったのだ。突然のことに周囲は一瞬、静まり返ったが、すぐにそばにいた人たちが大声を出して〝ヤングアン〟を威嚇《いかく》し、追い払おうと試みた。

だが、それはほとんど効果がなく、〝ヤングアン〟がたまたま女性の上着の袖を下に引っ張ったことで、女性はなんとか逃げ出すことができたのだった。

その後、病院で治療を受けた女性はすぐに退院したようだが、この女性がパンダのオリに近づいたのも、「ただ近くでパンダが見たかった」というほかの被害者と同じような理由であった。

相次ぎ事件を起こす人喰いパンダ・グーグー

さらに北京の動物園には、2006年から2012年の間に相次いで事件を起こした人喰いパンダ〝古古《グーグー》〟もいる。

最初の事件が起こったのは2006年9月19日、酔っぱらいの男性が〝グーグー〟に襲われ、負傷した。近くのレストランでビールを4杯飲んでから動物園を訪れた男性は、ふとテレビでよく見るパンダを抱きしめるシーンを思い出し、自分も同じことをやってみたいと思い立った。

そして、泥酔状態のまま柵を乗り越え、パンダ舎に侵入。しかし、突然、見知らぬ人が現れたことに驚いた〝グーグー〟は、とっさに男性の右のふくらはぎにかみついた。すると、それに逆ギレした男性は負けじと〝グーグー〟の背中にかみついて反撃、乱闘騒ぎとなった。

騒ぎを聞きつけて駆けつけた飼育員が興奮する〝グーグー〟をなんとか男性から引き離し、男性は救出されたが、全治2週間の傷を負った。事件後、男性は「まさかパンダがかみついてくるとは思わなかった。皮膚は意外と硬かった」と話しているが、中国では男性の軽率な行動に非難が殺到した。

2度目の事件は2007年10月22日、15歳の少年がパンダ舎の柵を乗り越え侵入し、足の骨まで達する深いかみ傷を負った。現場周辺には少年の喰いちぎられた肉片が落ちていたという。

そして、3度目の事件は2009年1月7日、子どもが落としたおもちゃを拾おうと自ら柵の中に入った32歳の男性が、〝グーグー〟に襲われている。

男性は最初に右足首を、そしてさらに左すねをかまれたが、駆けつけた飼育員によって救出された。病院へ搬送された男性は、「パンダがあんなに素早く、獰猛だとは思わなかった」と話していたという。

近年では2012年5月18日に、写真を撮ろうとパンダ舎に侵入した男性がこれまた〝グーグー〟に足をかまれ、その後、警備員に身柄を拘束されている。

この動物園ではこれまでも再三にわたり、パンダ舎には立ち入らないように呼びかけ、立ち入り禁止の看板も設置している。だが、こうした事件はいっこうになくならないのが現状だ。

また、2014年3月1日には、甘粛省隴南市《ろうなんし》で農作業をしていた70代の男性が野生のパンダに襲われる事件も起きている。いきなり飛び出してきたパンダに右足をかまれた男性は、偶然、現場に居合わせた人が上着でパンダの頭をおおってくれたお陰で、なんとか逃げることができた。男性は右足のひざから下をかまれたことにより、右足首の動脈切断やスネの骨を折るなどの大ケガを負い、7時間にもおよぶ手術を受けた。

男性を襲ったパンダは、地元の林業局職員と野生動物保護センターの職員らが捕獲しようとした際に村に迷い込み、被害者の畑に逃げ込んでしまったのだという。

このようにご紹介しただけでも、中国ではパンダに人間が襲われる事件が相次いで起きている。

だが、これらの事件のほとんどは、われわれ人間の軽率な行動が招いた事件でもある。普段は温厚なパンダでも、突然自分のテリトリーに侵入されれば警戒もするし、自衛のために攻撃的にもなるだろう。中国ではパンダのことを「大熊猫」と呼んでいるが、その名のとおり〝熊〟であることを、私たち人間は忘れてはならないのだ。

パンク町田'sワンポイント

かれこれ15年ぐらい前のことだろうか。とある日本の若い医師からこんな話を聞いたことがある。「急患が入ってねぇ。手がガッチリ持っていかれて。もげた部分を両手で器用につかんで食べていたらしい……」「一体だれが？」「パンダが……」しかし、パンダに襲われたという事故は日本でいっさい報道されなかった。私が医者にかつがれたのか？　それとも情報統制があったのか？　不思議な話である。

Denger Animal 23

【握力300キロの暴れん坊】

チンパンジー

【生態DATE】
危険度：★★★
分類：霊長目
体長：64～90cm

チンパンジーは、霊長目《れいちょうもく》ヒト科チンパンジー属に分類される類人猿で、私たち人間にもっとも近いとされる動物の一種である。

知能もかなり高く、訓練を受けたチンパンジーならヒトの言葉をある程度理解し、道具を使いこなすこともできる。

自然下での分布域は、アフリカ西武や中央部である。

オスのほうが大きく、平均的な大人のオスの体長は80～90センチ、体重が40～80キロ。大人のメスの平均体長は64～78センチで、体重が30～40キロ程度。

体長だけを見ると小さく思えるかもしれないが、立ち上がると人間の大人と同じくらいの大きさがある。

チンパンジーの全身は灰褐色、または黒色の長い体毛でおおわれており、顔や手足の皮膚の色は、成長とともに肌色から黒色へと変化していく。なお、赤ちゃんのころには白い尻毛がある。

顔の割に耳が大きく、体つきはゴリラに比べるとやや細身だが非常に筋肉質で、握力はなんと300キロもある。

チンパンジーは、おもに果実を好んで食べるが、植物やハチミツ、アリなどの昆虫、小～中型の哺乳類なども食べる雑食性である。

群れで暮らす動物で、通常はオスとメス、そして

その子どもで構成された20頭から100頭ほどの群れで生活している。昼間に活動をし、夜間は木の上に作った巣のなかで眠る。

群れで暮らすチンパンジーにはそれぞれ序列があり、特にオスたちの順位争いは熾烈《しれつ》な戦いが繰り広げられることでも有名だ。

また、チンパンジーには、「子殺し」という特異な習性があることも知られている。

オスが他の群れの子どもを殺すだけでなく、同じ群れの子どもであったとしても、自分の子どもであると認識できない場合には、オスとメスの両方が子どもを殺すことがあるのだ。

そして、チンパンジーは殺した子どもを自分たちで食べてしまうこともある。

これは霊長目のなかでもチンパンジーにしか見られない行動だ。

なぜ、チンパンジーが子どもを殺して食べてしまうのか、いまだに詳しいことはわかっていない。

30頭のチンパンジーが大脱走

チンパンジーといえば、テレビの動物番組などでのイメージから、賢くてかわいらしい動物という印象を持っている人も多いのではないだろうか。

しかし、それは飼い慣らされたチンパンジー、それも子供のころだけという限られた時期の姿でしかない。成獣のチンパンジーは私たちが想像する以上に危険で恐ろしい動物なのだ。

2006年4月末、アフリカ西部シエラレオネのタクガマ動物保護区域で、チンパンジーによって人間が喰い殺されるという、なんともむごい事件が起きた。

アメリカ出身の通信技師はチンパンジーの写真を撮るため、2人の友人と運転手とともに保護区に向かっていた。しかし、ちょうどこのとき、タクガマチンパンジー保護区からオスのボスチンパンジー〝ブルーノ〟とほかに30頭のチンパンジーが脱走していたのだ。

だが、そんなことなど知る由もない彼らは普通に車を走らせていた。そして、その道中でいきなりブルーノに襲われたのである。突如、姿を現したブルーノは車の窓ガラスを叩き割って車内に侵入すると、友人の1人を車外に引きずり出そうとした。他の者たちが必死に応戦してなんとかブルーノを引きはがすも、襲われた友人はすでに指を3本も喰いちぎられていた。

運転手は急いでその場を離れようとしたが、気が動転したのか車を保護区域のフェンスに激突させ、

「子殺し」という特異な習性で、他の群れや同じ群れの子どもを殺して食べることもある。

身動きが取れなくなってしまう。立ち往生した車を見たブルーノは、再び友人に襲いかかった。

そして、運転手を車外に引きずり出して地面に叩きつけると、その両手両足の爪をはがし、顔面を喰いちぎって惨殺したのである。

こうして1人を無残に喰い殺し、友人1人にも手足の指を6本失う大怪我を負わせたブルーノはそのまま森の奥へと姿を消していった。

その後、脱走したチンパンジーのうちの27頭が捕獲されたが、ブルーノを含む4頭のチンパンジーは今も捕獲されていないままだという。

このほかに、飼育下にあったチンパンジーが人間を襲うという事件も起きている。

２００９年2月16日、アメリカのコネチカット州スタンフォードで、ＴＶ出演などの経験を持つ「トラビス（14歳）」が、飼い主の知人女性を襲うという事件が起こった。

被害者女性は友人である飼い主の家を訪れたところ、突然トラビスに襲われ、約12分もの間、攻撃され続けたという。飼い主の通報を受けて駆けつけた警察がトラビスをその場ですぐに射殺したが、被害者女性は、まぶたや鼻、唇、手の指を失う重傷を負った。また、現場にはおびただしい血痕とともに無残にかみちぎられた女性の指が散乱し、女性の顔面にはトラビスの抜けた歯が食い込んでいたという。激しく損傷を受けた顔面はもはや、元の姿が想像できないほどの悲惨な状態だったが、なんとか命だけは取りとめることができた。

しかし、事件後は視力を失い、口を開けることさえままならない生活が続いた。その後、女性は何度も顔面の再生手術を受け、徐々に回復したが、心に負った深い傷は一生消えることはないだろう。

お茶の間の人気者パンくんも凶暴化

そして、まだ記憶に新しい人もいるかもしれないが、日本でも2012年9月6日にテレビ番組で人気者だった「パンくん（10歳）」が女性を襲う事件も起きている。

この日、熊本県阿蘇郡《あそぐん》阿蘇町《あそちょう》にある阿蘇カドリー・ドミニオンで行われた「みやざわ劇場ショー」に出演していたパンくん。いつもどおりにショーを終えたパンくんは、ステージから去る際、急にステージ脇にいた20歳の飼育研修生の女性に襲いかかった。

突然のことに周囲は騒然とし、調教師たちがあわててパンくんを引き離したが、女性は額や耳の裏、腰、足首をかまれ、ドクターヘリで緊急搬送。女性は全治2週間の大ケガを負ったという。

パンくんが女性を襲った原因は不明だが、カドリー・ドミニオンの広報担当者によると「チンパンジーは大人に近づくと、メスへの優位性を示そうと攻撃的になることがある」という。実際、ちょうどこのとき行われていたショーが繁殖準備に入る前の引退公演であった。

このように、たとえ赤ちゃんのころからペットとして飼われたり、訓練されていたチンパンジーでも、成長とともに凶暴性が増し、われわれ人間の手には負えなくなってしまうのだ。成獣のチンパンジーを人間が飼育するのは非常に危険なことなのである。

パンク町田's ワンポイント

ヒトとチンパンジーのゲノムは98％も共通している。DNA上、ヒトとチンパンジーは似ているが、それでもゲノムが2％違えばかなりの違いが出てくる。たとえばペニス。チンパンジーには感覚毛の成長を司る性ホルモンを促進するDNAがあるが、ヒトにはないため、チンパンジーより感度が落ちる。そういえば私の場合、子供のころにペニスに産毛が生えており、やたらと敏感だったことを覚えている。ひょっとして感覚毛だったのか？

Denger Animal 24

イヌワシ

【〝復讐するは我にあり〟大空のハンター】

【生態DATE】
危険度：★★
分類：タカ科
体長：75～95cm

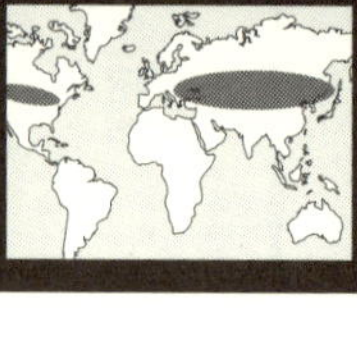

イヌワシはサルクイワシ、ゴマバラワシ、オウギワシと並ぶ、大型の肉食性猛禽類《もうきんるい》の一種だ。

ユーラシア大陸からアフリカ大陸北部、北アメリカ大陸北部という幅広い地域に分布しており、日本でも北海道から九州の山岳地帯で生息が確認されている。

イヌワシは5亜種に分かれており、日本に生息しているのはそのなかでもっとも小型の種である。

日本では、イヌワシ以外にも越冬《えっとう》のためにやってくるカタシロワシという真正ワシ属が見られるが、北海道から九州にかけて広い地域で生息しているのはイヌワシだけだ。そのため、日本でワシといえば、イヌワシのことを指すことが多い。

イヌワシの体長はオスが75～86センチ、メスが85～95センチほどで、翼を広げるとオスが170～190センチ、メスが190～210センチにもなる。体重は3・2～5・5キロほどだ。

大相撲で大活躍している力士・横綱白鵬《はくほう》の身長は192センチなので、翼を広げたイヌワシはほぼ同じくらいの大きさがある。

イヌワシの羽は全体的に暗褐色だが、頭のてっぺんからクビの後ろ側にかけては黄褐色の羽が生えている。その羽が太陽の光を浴びるとキラキラした黄金色に輝くことから、英名では「ゴールデン・イー

グル」と呼ばれている（プロ野球チーム「楽天ゴールデンイーグルス」の命名の由来）。

それに比べて、ひな鳥は全体的に濃い褐色で黒っぽく地味な体色をしており、両方の翼と尾は灰色がかった白色で、その先端だけが暗褐色になっている。

おもなエサは、ノウサギやヤマドリ、レミング（北極や北極に近いツンドラに生息する小型のネズミ）、リス、ノネズミ、大型のヘビなど。

そのほかにも、カモシカやヒツジの子ども、若いキツネ、そしてライチョウやキジ、カラス、コウノトリなども食べることがあるという。

爪は鋭いかぎ状になっており、その力は捕まえたノウサギを瞬間的に握り殺してしまうほど強い。

鉤状に曲ったクチバシは先端が鋭くとがっており、獲物の肉を容易に引き裂くことができる。

現在、日本に生息しているイヌワシは１９９０年以降その数を減らしており、国内希少野生動植物種に指定されている。

2秒でニホンジカを仕とめる

大きな翼を広げて堂々と空を舞うイヌワシはなんとも凛々《りり》しく、自由自在に風を操るその姿は日本の研究者たちから「風の精」と呼ばれるほどに美しい。

ゆったりと優雅に空を飛ぶイヌワシは貫録十分、まさに日本を代表する大型の猛禽類といえるだろう。だが、その性質は獰猛であり、ときに自分よりも大きな獲物に襲いかかることもある。

実際、海外に生息する大型のイヌワシが、ヤギやトナカイ、子どものヒグマなどの動物を捕食する姿は何度も目撃されている。自分の体重の倍はあるであろうヤギを鋭いツメでつかみあげ、ガケから突き落としている様子も撮影されたことがある。その映像はインターネット動画サイトで見ることができるが、人間の子どもほどの大きさのヤギがなんの抵抗もできずに捕食されていた。

２０１１年12月１日には、ロシア南東部でイヌワシが１歳のニホンジカに襲いかかる様子も撮影されている。

これは、アムールトラの調査の際に偶然撮影されたものだが、それまでにほとんど前例のない貴重な記録であった。イヌワシがコジカを仕とめるまでにかかった時間は、わずか２秒。その俊敏さと攻撃性の高さに驚かされる。

あまり人を恐れることがないのか、過去にはカメラマンの男性にひるむことなく襲いかかるイヌワ

鋭いかぎ状の爪はノウサギを瞬間的に握り殺すほどの威力をもっている。

シの姿も撮影されている。だが、いくらイヌワシといえども、さすがに成人男性を狩ることはできなかったようだ。

イヌワシの復讐心

しかし、ヤギを軽々と持ち上げるだけのパワーを持ったイヌワシなら、小さな子ども（主に乳幼児）をさらうことなど造作もないことなのかもしれない。

実際に過去には、ヨーロッパやアジアでイヌワシの巣の中から人間の子どもの人骨が発見されたという事例もいくつか報告されている。人間の子どもを捕食したことのあるイヌワシが実在するのはほぼ間違いないだろう。

また、中国東北部の黒竜江省《こくりゅうこうしょう》穆稜《もくりょう》市《し》ではイヌワシのヒナを盗んで食べた2人の男性が、親鳥に復讐されるという驚くべき事件も起きている。

事件の発端は2010年7月、2人の男性が村の近くでイヌワシの巣を発見した。巣のなかには小さなヒナがいたため、2人はそのヒナを育てるつもりで巣から持ち去ってしまった。

しかし、その4日後、ヒナが死んでしまう。すると、2人の男性はそのヒナを唐揚げにして食べてしまったのだ。

そこから親鳥の恐怖の復讐が始まった。

親鳥はヒナを連れ去った男性を執拗に襲撃、男性は2011年4月までにイヌワシに3度襲われ、最後には40針を縫う大ケガを負った。

その男性が恐怖に耐えかねて引っ越すと、村に残っていたもう1人の男性が襲われるようになった。同年4月、残った男性もイヌワシの衝撃を受け、頭部に21針も縫う重傷を負ったのである。

それから約4ヶ月後の8月11日の早朝、再びイヌワシが畑で農作業をしていた男性に襲いかかった。逃げ場を失った男性は、とっさに近くにあったワラの山に潜り込んだ。

近くで見ていた村人たちが、農機具でイヌワシを追い払おうとした。だが、イヌワシの攻撃がとまることはなく、男性は駆けつけたパトカーに乗ってようやく畑から逃げ出した。

しかし、それでもイヌワシはあきらめなかった。その後も700メートルにわたって追いかけ、パトカーの窓ガラスを何度も攻撃し続けたという。

このとき、男性は額と両腕に合わせて6ヶ所の傷を負っており、首の後ろは骨が露出するほどかみちぎられていた。

　これだけ執拗に2人を追いかけ回したイヌワシだったが、不思議なことにそれ以外の村人を襲うことはなかったという。

　このイヌワシの復讐心はあくまでもわが子を殺した2人だけに向けられていたのだ。

　そのすさまじい執念から察するに、子を失った親鳥の怒りと悲しみは相当なものだったのだろう。

パンク町田's ワンポイント

都市伝説のように聞こえるかもしれませんが、知り合いの知り合いの知り合いの知り合いがイヌワシに首をつかまれ死んだらしいです。

私も、イヌワシの世話をするために禽舎《きんしゃ》に入っていたときに襲われました。だいたい竹ぼうき一本あれば勝てます。でも、決して真似はしないでください。顔面をつかまれた友人は長期入院しましたから。

Denger Animal 25

【脳にまで侵入する静かな暗殺者】

カイチュウ

【生態 DATE】
危険度：★
分類：アニサキス科
体長：20 ～ 30cm

白くてミミズのような形をしている「カイチュウ」は、世界中に広く分布が確認されている。人間の体内に寄生する線虫類のなかでは、もっともポピュラーな種である。

たんにカイチュウと呼んだ場合は、〝ヒト回虫〟を指す。

回虫は哺乳類の小腸に寄生するが、人間に寄生するヒト回虫、イヌに寄生するイヌ回虫、ネコに寄生するネコ回虫など、その種類は実にさまざまだ。

なかでも、ヒト回虫の成虫はメスが30センチ、オスが20センチほどと比較的大きいため、昔からその存在を知られてきた。

カイチュウは口と肛門が体の先端にあるだけで、そのほかは子孫繁栄のためだけに生きているといってもいいほど、体のほとんどが生殖器官で占められている。

メスは1日に約20万個もの卵を産み、毎日出産する。しかも、その寄生期間は長く、2～3年は体内で生きることができるため、寄生されるとあっという間に体中が卵だらけになってしまうのだ。

ただ、このヒト回虫の感染経路はとても複雑で、小腸内で産卵された卵がそのまま孵化するわけではなく、一度排便とともに体外に排出される。

排出された卵は、周りの気温や湿度などの条件が

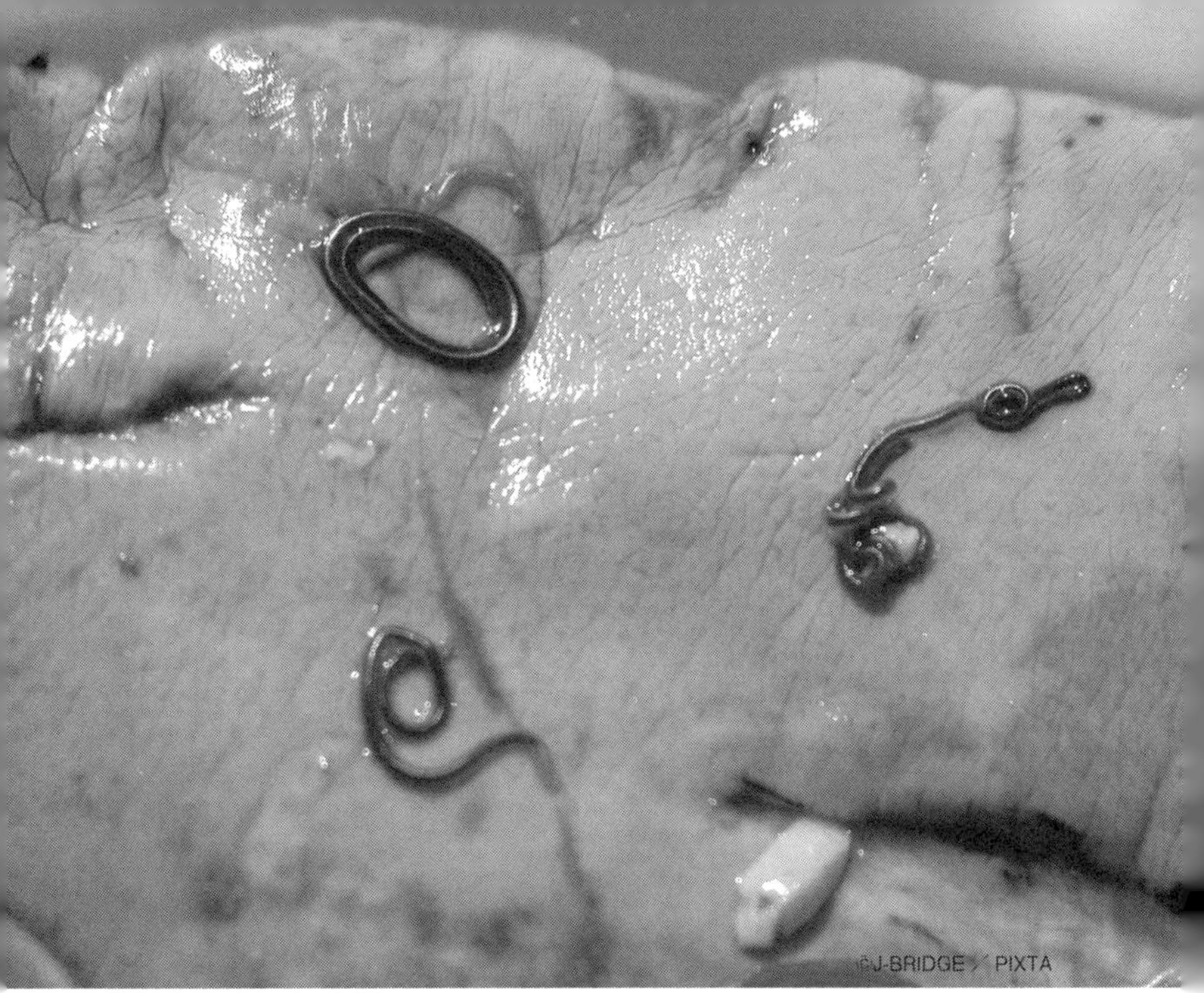

よければ3週間から1ヶ月ほどで成熟卵となり、幼虫は卵のなかで成長していく。

この成熟卵がついた野菜などを、人が食べることによってカイチュウの卵が食道から胃へ入り込み、胃液で溶けた卵の殻から出た子虫が小腸へ向かう。

そして小腸から肝臓や心臓、肺へと移動した子虫は気管支を通って口に上がり、再び飲み込まれて小腸へと入り込む。こうして体中をめぐった子虫は3ヶ月ほどでようやく成虫となるのだ。

ちなみに、産まれたばかりの卵を体内に入れても特に害はない。カイチュウは1～2匹程度なら寄生されてもあまり症状はなく、人によっては寄生されていること自体、気がつかない場合もある。

しかし、それが数十匹あるいは数百匹にもなると体にあらゆる悪影響を及ぼす。

腹痛や下痢、おう吐、頭痛、めまい、けいれん、失神などの症状が起こり、子どもの場合は栄養をカイチュウに横取りされるため、発育が遅れたりすることがある。

年間6万人がカイチュウが原因で死亡

現在世界では、14〜15億人もの人がカイチュウに寄生されているといわれている。そして、その多くは発展途上国に住む人々で、子どもを中心になんと年間6万人もの人がカイチュウが原因とされる腸閉塞《ちょうへいそく》などで死亡していると考えられている。

先にも述べたように、カイチュウに寄生されても1〜2匹ならそれほど問題はない。ただし、数十匹〜数百匹のカイチュウがもつれ合ってかたまると、腸をふさいで腸閉塞を起こしてしまうのだ。

また、カイチュウには穴や隙間にもぐり込む習性があるため、小腸を突き破ったり、胆管《たんかん》や膵管《すいかん》などに無理やり頭をつっ込んだりするものもいる。そうなるとたんに激しい痛みに襲われ、腹膜炎《ふくまくえん》や膵臓炎《すいぞうえん》を引き起こすこともある。さらに、カイチュウが脳に迷い込んでしまうと重篤《じゅうとく》な障害をもたらすこともあり、そうした場合はたとえ数匹でも、たかがカイチュウともいってはいられなくなるのだ。

過去には、16歳の男性が2〜3ヶ月の間に尿道から4〜5匹のカイチュウを排出し、その後、衰弱死したという事例が報告されている。この症例は、解剖がまだ一般化していない時代だったため、詳しいことはわかっていないが、おそらくカイチュウが腸壁と膀胱《ぼうこう》壁を食い破って膀胱に侵入したと考えられている。

このほかにも、1988年に黄疸で死亡した70歳の女性の肝臓から120匹のカイチュウが発見されている。

カイチュウは、近年の日本ではあまりなじみのない寄生虫だが、戦後の昭和20~30年代には国民の半数以上が寄生されており、結核と並ぶ国民病ともいわれていた。当時は農作物の肥料に人糞尿を使っていたことから、多くの野菜にカイチュウの卵が付着しており、それを生で食べることによって全国に感染が広まったとみられている。衛生環境の整った現在の日本ではカイチュウの姿を見ることはほとんどなくなったが、最近になって再び感染が増えてきているという。

その原因としては、有機野菜ブームや未だに人糞尿を肥料として使っている国からの輸入野菜の増加、そして海外への渡航や外国人観光客の増加などさまざまな理由があげられる。

現にある病院では、腹痛と発熱の症状で受診していた3歳の男の子が、突然カイチュウを吐き出して大騒ぎになったという。その後、他の病院で開腹手術を受けることになった男の子の腸からは、なんと90匹ものカイチュウが発見された。この男の子の家では家庭菜園で作った野菜を常食しており、それが人糞尿を肥料に使っていたためにカイチュウに感染したとみられている。この他にも、離乳食直後から有機野菜のみを与えられていた2歳の男の子からカイチュウが検出されたという事例も報告されている。

カイチュウの卵は熱に弱いため、加熱調理をすればなんら問題なく食べることができる。なので、もし有機野菜や輸入野菜を食べる際は、なるべく火を通してから食べるといいだろう。

日本人にとって身近な「アニサキス」

そしてそんなカイチュウ類のなかには、魚を生で食べる習慣のある私たち日本人にとって、避けては通れない生物がいる。それがアニサキスである。

アニサキスとはアニサキス属の線虫の総称で、クジラやイルカなどの海産哺乳類の胃に寄生するカイチュウ類だ。体は細長く、成虫は10センチほどの大きさになる。

アニサキスの卵はクジラなどの排泄物と一緒に海中に出るとそこで孵化し、産まれた幼虫はオキアミなどの甲殻類の動物プランクトンに寄生する。そしてアニサキスの幼虫に寄生されたプランクトンなどをさまざまな魚が食べると、その体内で2～3センチの大きさまで成長するのだ。

そのため、甲殻類を採餌する海の魚にアニサキスの幼虫が寄生していると考えられ、日本近海で獲れる160種類以上の魚介類に寄生するのが確認されている。特にサバやサケ、スケトウダラ、サバ、アジなどに多くみられ、サバにいたっては1匹から20～30匹も発見されたこともあるという。

アニサキスの幼虫は、おもに魚の肝臓や腸などの表面に寄生しており、とぐろを巻いているものが多い。スケトウダラやマス類などの一部の魚では、筋肉に入り込んでいるものもみられる。こうしたアニサキスに感染した魚を、クジラなどが食べることによって幼虫は成虫になれるが、それらの魚を人間が食べてもアニサキスが体内で成虫になることはない。ただ、人間の体内に入り込んだアニサキスの幼虫は、なんとか生き延びようと胃粘膜や腸粘膜に喰らいつき潜り込むため、寄生された人は耐

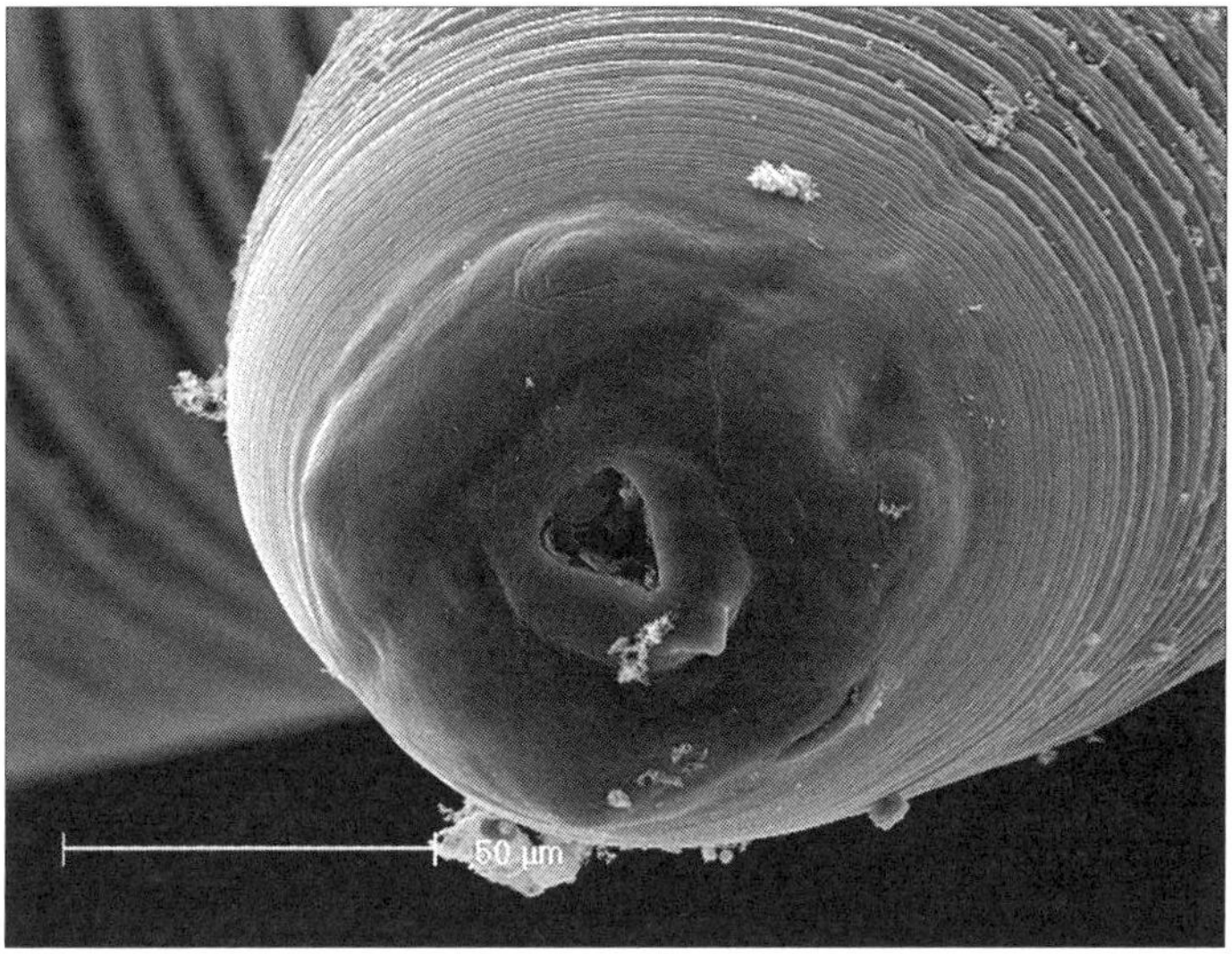

体の先端には口と肛門があるのみ。体のほとんどが生殖器官で占められている。

えがたい腹痛やおう吐に襲われるのだ。

アニサキスの感染には2つのパターンがあり、胃に寄生した場合は魚を食べてから数時間で激しい腹痛やおう吐といった症状が現れる。一瞬、食中毒も疑われるが吐き出すのは胃液のみで、発熱や下痢の症状もみられないのがこの胃アニサキス症の特徴でもある。

以前は、胃潰瘍などと誤診されることもあり開腹手術を受けることもあったが、現在はアニサキス症も一般的に知られているため、内視鏡で確認して簡単につまみ出すこともできる。

だが、アニサキスが腸に入り込んだ場合は、内視鏡で確認することができないので、鎮痛剤や消炎剤を飲んでアニサキスが死ぬのを待つしかない。寄生したアニキサスは、体内では長く生きられないため数日で死滅するが、腸アニサキスは腸閉塞などと誤診されることも多く、その場合は開腹手術を受けることもある。

また、腸アニサキスは胃アニサキスに比べて症例は少ないが、魚を食べてから症状がみられるまで時間がかかり、数日後に発症することもあるという。まれに肺や肝臓、子宮などに潜り込むこともあるが、体内に入っても必ずしも発症するわけではなく生命の危機にさらされることはない。

日本では年間少なくとも、2000~3000人ほどの人がアニサキスに感染しているとされているが、私たちが生魚を食べる割合からしてみれば、感染者は意外と少ないといえる。

アニキサスを一躍有名にした森繁久彌

そんなアニサキスが初めて発見されたのは1955年のオランダで、腹痛を訴えた患者の腸粘膜から小さな線虫が見つかっている。オランダでは、ニシンの時期になると急性の腹痛を訴える人が多く、1960年にそれらの原因がアニサキスに感染したニシンを食べたことによるものだと判明した。

日本では1963年に初めてアニサキスの感染が報告された。しかし、このアニサキスを一躍有名にしたのが、俳優の森繁久彌《もりしげひさや》さんである。1987年11月、名古屋で公演中だった森繁さんは急に腹痛を訴え、緊急入院をして手術を受けた。そしてその原因がアニサキスだったことが当時のテレビや新聞で大々的に報道されたことにより、その存在が世間に広く知られるきっかけとなったのだ。

アニサキスは熱や寒さに弱いので、感染しないためには熱を通したり冷凍したほうが安全性は高まる。現にアニサキスの感染被害に悩まされたオランダでは、ニシンはマイナス20℃以下で24間以上冷凍することが１９６８年に法律で義務づけられた。以降、感染は減っている。

ちなみに、このアニサキスには最近ある意外な使い道が発見され、話題となっている。

アニサキスが、がん患者の尿に反応し、なんと95パーセントという高確率でがんの有無を判定したというのだ。もしこれが実用化されたら、たった一滴の尿と数百円の検査費用でがん検診が可能となる。それだけではなく、数週間かかっていた検査結果がわずか1時間半ほどで出るようになるという。

この画期的な発見は、２０１９年ごろまでに実用化を目指しており、その開発に多くの期待が寄せられている。

パンク町田'sワンポイント

私は馬を飼っているが、時折、極太のウマカイチュウをフンとともに出すことがある。いずれ調理法を考案し、パスタのような見事なコイツを食してみようと思う。実際に食べたことがあるのは、本文中にもあるアニサキスだ。私はドンコと呼ばれる海の幸から大量のアニサキスを集め、昆布じめにして食べてみた。シコシコして歯ごたえは良好だが味はあまりない。どうやら食材には適してなさそうだ。

Denger Animal 26

【邪魔する者は一網打尽に喰い尽くす】
グンタイアリ

【生態 DATE】
危険度：★
分類：アリ科
体長：3 ～ 50mm

通常、アリというのは、いくつもの小部屋に分かれた大きな巣を作って暮らしている。

だが、アリのなかには巣を作らず、自由気ままな暮らしをする変わり者もいる。それがグンタイアリだ。

グンタイアリは巣を持たないため、生涯移動し続ける。その移動距離は長く、ときには1ヶ月近くもひたすら歩き続ける種もいる。

グンタイアリは視力がないため、仲間の匂いをたどりながら、つらなって歩く。その様子から「グンタイアリ」という名前がつけられた。

グンタイアリの仲間は、中南米を中心に温暖な地域に広く分布している。

その仲間には大きく分けて三つの亜科がある。南北アメリカ大陸に生息するグンタイアリ亜科、中央アフリカに生息するサスライアリ亜科、そしてアジアに生息するヒメサスライアリ亜科である。

日本の西表島にもいるヒメサスライ亜科は、グンタイアリのなかでももっとも小型で、体長は3ミリ程度しかない。

だが、グンタイアリ亜科はその5倍（オス15ミリ、メス20ミリ）にもなり、最大種のサスライアリ亜科だと50ミリを超えるメスもいる。

グンタイアリの特徴は、なんといってもその牙で

ある。いずれの亜種も大きく鋭い牙を持っており、その強靭な牙で、自分よりも大きな昆虫や爬虫類、鳥類などに集団で襲いかかって食べてしまう。

無頼者の集まりのようにも見えるグンタイアリだが、群れのなかには女王アリ（メスアリ）、オスアリ、働きアリという三つの階級がある。

働きアリはその役割に応じて、メジャー（隊列を見守る）、サブメジャー（獲物を運ぶ）、メディア（獲物を守る）、マイナー（自分たちの体をつなげて橋を作り、仲間を渡らせる）の四つのグループに分かれており、人間の軍隊のように各自が自分の役割をしっかり認識して動いている。

グンタイアリの群れは、メスアリを中心に形成され、行進する先にいる生き物は昆虫であろうが、巨大なヘビであろうが関係なく、すべてを喰いつくして進む。

それは、群れが巨大な大軍であればあるほど、強大なパワーを発揮するのだ。

大きな獲物でも大群で襲いかかり喰いつくす

行列をさえぎるものをなんでも喰いつくすイメージがあるグンタイアリ。

映画やゲームなどでは、このグンタイアリをモデルとした巨大人喰いアリに、人間が襲われるというシーンを見かけることもある。

だが、実際に人間や家畜、大型の動物がグンタイアリに捕食されることはまずないといえるだろう。ただし、それはあくまでも獲物が健康だった場合の話で、もし病気やケガで動けなかった場合は例外である。

グンタイアリは、非常に獰猛な性格をしているため、捕食できそうなら自分たちよりもはるかに大きな獲物でも大群で襲いかかり、その強靭な牙で肉をかみちぎって捕食してしまう。

そのため、皮膚の薄い人間は、なんらかの問題で動けない状態ならば、彼らの餌食になりうるのだ。

実際に、人間がグンタイアリに襲われたのではないかとされている事件が１９２９年に起きている。

アマゾンのジャングルには、コレクターたちの間で大人気のモルフォチョウという、とても美しい蝶が生息していた。その蝶を捕まえて一儲けしようともくろんだ男性が、ひとりジャングルへと出かけて行った。

しかしその後、男性の行方がわからなくなってしまう。

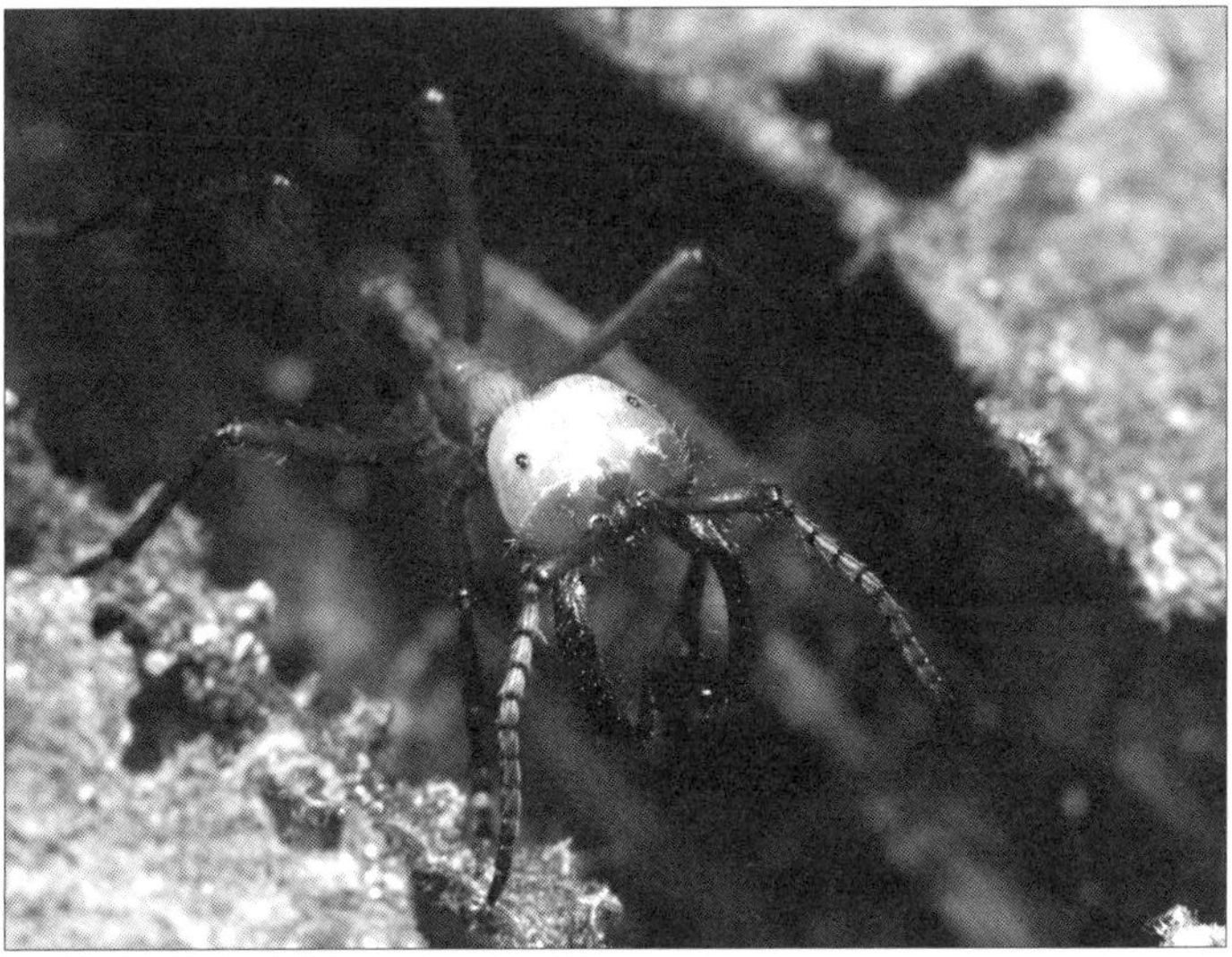

その大きく強靭な牙で自分よりも大きな昆虫や爬虫類、鳥類などにも集団で襲いかかる。

捜索の結果、男性は木の根元に横たわった状態で死亡しているのが発見された。

現場の状況から、男性は病気で動けなくなったところをグンタイアリに襲われたのではないかと推定された。遺体の周りには、モルフォチョウの羽根が散らばっていたという。

人間が家を捨てて引っ越し

また、南米から中米、アフリカのコンゴ（旧ザイール）の熱帯雨林地帯などでは、グンタイアリに戦々恐々《せんせんきょうきょう》としながら暮らしている人々もいる。

これらの地域では、グンタイアリの行進の先にたまたま人間の住居があったために、人間がいったん家を捨てて逃げ出すなどということもたびたび起こっているというのだ。

グンタイアリのマイナーが自分たちの身体で橋をつくっているところ。

そんなのいくらなんでも警戒しすぎだろうと思うだろうが、グンタイアリをたかがアリだとあなどっていると痛い目をみることになる。

どんなに健康な人でも、彼らの強靭な牙にかまれれば痛いし、牙が湾曲しているため、皮膚に食い込んだ牙を無理に引きはがそうとすれば出血してしまう。

かといって片方ずつ引き抜こうとすれば、もう片方がより深く食い込んでくるといった悪循環にみまわれる。くわえて、次から次へと向かってくる無数のグンタイアリには、殺虫剤も大した効果は期待できない。

南米では、密林の王者といわれるジャガーですら、このグンタイアリに出会うと逃げ出してしまうというのだから、私たち人間が太刀打ちできるはずもないだろう。

そのため、現地の人々はグンタイアリの行進が家に向かってくると、必要な物だけを持ち出して、ただ黙って大群が過ぎ去るのを見守っているのだという。

たとえ1匹の力は小さくても、その数が数百万匹、数千万匹ともなると、その力はときとして大きな脅威となるのである。

だが、そんな向かうところ敵なしと思われるグンタイアリにも、天敵となる動物がいる。

それは、テキサスホソメクラヘビという体全体から特殊な分泌液を出すヘビで、このヘビにはグンタイアリの攻撃がまったく効かない。

それどころか、逆にエサとして食べられてしまうのだから、アリは手も足も出ないのである。

パンク町田's ワンポイント

食べる話が多く恐縮だが、子どものころ、アリを捕まえて食べるのが好きだった。美味しくはないが、これを見て嫌がる友だちや女の子を見るのが好きだったのだ。大人になってからオーストラリアに行ったとき、アボリジニ（先住民）が食べるという黄緑の美しく美味しそうなアリを、アボリジニに勧められ食べたことがある。味、食感ともに予想外にも日本の黒いアリと同じだった。

Denger Animal 27

ブタ

【生きた人間を食べ尽くす大食らいの怪物】

【生態DATE】
危険度：★★
分類：イノシシ科
体長：1m超

ブタは、偶蹄目《ぐうていもく》イノシシ科に属する、ヨーロッパイノシシを家畜化した動物である。

現在では、世界中で用途に合わせて盛んに品種改良されており、大きく分けて〝脂肪型〟〝生肉用型〟〝加工用型〟の3種類のブタが飼育されている。

体の大きさや体色は品種によってさまざまだが、丸々とした体に先端のとがった耳、大きな鼻は共通しており、特徴として足が短く小さい。

日本でよく飼育されているブタは、体長1メートル以上で、体重が100～300キロにもなる中～大型の種が多い。

一見、ブタは鈍くさそうに見えるが、もともとはイノシシだったというだけあって、意外と速く走ることもできる。

オスには牙が生えており、日本では生後間もなく抜歯してしまうが、海外では抜歯せずにそのまま飼育されているケースもある。

牙を伸ばしっぱなしにすると、湾曲して最終的には円形に近づくが、オセアニアの人々はそれをアクセサリーや貨幣にすることもあるという。

偶蹄目の多くは草食性であるが、イノシシ科はほぼ雑食性であり、ブタも例外に漏れることなく基本的になんでも食べる。そのため、共喰いすることも珍しくはなく、特に生まれたての子ブタはかっこう

の餌食となる。

ブタは私たち人間よりも歯の数が多く、44本も生えている。かむ力も非常に強いので、硬い物でもなんなくかみ砕くことができる。

そして、ブタの最大の特徴でもある鼻は、人間の数1000倍もの嗅覚を持っている。

メスのブタは土に埋もれているトリュフを探すのに利用されていたこともあった。だが、ブタは見つけたトリュフを食べてしまうため、最近ではイヌがその役割を担っているようだ。

また、ブタは鼻先を人間の手のように器用に動かすこともでき、小屋の鍵を自分で開けてしまうこともあるという。

さらにブタは鼻で物を持ち上げたり、邪魔な物をはね飛ばしたりできるほど鼻の力が強く、跳ね上げる力は200キロほどあるといわれている。

ただその一方、鼻にはたくさんの神経が集まっているため、弱点でもある。

愛くるしい外見に隠された凶暴な一面

人間にとって、ブタはとても身近な動物だ。

食肉としてはもちろんのこと、近年ではペットとして飼う人も増えてきている。品種改良された愛くるしい外見のミニブタは、メディアなどでも紹介されることが多い。

また、ブタを主役にした映画も多く作られている。

1996年に公開された『ベイブ』や2006年に公開された『シャーロットのおくりもの』、そして1992年に公開されたスタジオジブリのアニメ映画『紅の豚』などは日本だけではなく、世界中で人気を集めた。

しかし、そんなかわいらしく、一見何の害もなさそうなブタにも、実はあまり知られていない凶暴な一面がある。

なんと、海外ではブタが人間を喰い殺すという驚くべき事件が起きているのだ。

2011年8月1日、南アフリカ北西部のトウングで置き去りにされた新生児がブタに食べられた。最初に現場を発見した農場主は豚小屋で、ブタが口の周りを血で染めながらなにかを食べているのに気がついた。

不審に思い近づいてみると、なんとブタの周りには小さな左腕と太もも、そして半分食べられた頭

基本的に何でも食べる。共食いも珍しくなく、産まれたての子豚が餌食になることも。

部が散乱していたという。

　思いもよらぬ惨状に驚いた農場主が、あわてて警察に通報したことで事件は発覚したが、新生児がブタに食べられた際に生存していたかどうかは不明である。

　また２０１２年9月26日には、アメリカ・オレゴン州の農場でブタにエサをやりに行った70歳の男性が飼育していたブタに襲われている。

　事件当日、農場に行ったきり戻ってこない男性を心配した家族が行方を捜しに行くと、そこには目をおおいたくなるような信じられない光景が広がっていた。

　豚舎に男性の姿はなく、男性の入れ歯と体の一部とみられる残骸だけが床に散乱していたのである。

　男性の直接の死因が心臓発作などの急病だったのか、ブタに襲われたのかは不明であるが、状況から見て男性がブタに食べられたことはほぼ間違いないだろう。

ちなみに、この農場には320キロほどの巨大なブタが数匹飼われていたという。

生きたまますべてをブタに喰いつくされたマフィア

さらに2012年には、イタリアン・マフィアのドンである60歳の男性が、生きたままブタに喰い殺されるという衝撃的な事件も起きている。

これは敵対していたイタリアン・マフィア同士の抗争によって起きた残忍な事件である。被害者はまず、鉄の棒で暴行されたのちに豚小屋に放り込まれた。そして、生きたまますべてをブタに喰いつくされてしまった。

いくらマフィア同士の抗争とはいえ、人間を生きたままブタに食べさせるなんて正気の沙汰《さた》ではない。当初、この事件は遺体もなにも発見されず、表ざたになることはなかった。

しかし、2013年に敵対していたマフィアのボスが容疑を認めたことにより、ようやく事件が発覚したのだ。24歳のボスは、被害者の壮絶な最期を悪びれもなくこう語ったという。

「あいつの叫び声が心地よかった。マンマミーア、あいつの叫び声といったらそれはもう！　あいつの体はすっかり消えちまったよ。ブタが全部平らげちまったのさ」

どんな人喰い動物よりも恐ろしいのは、人間という動物なのかもしれない。

このほかにも、2014年11月9日には、中国江蘇省徐州《じょしゅう》市《し》で2歳の男の子が近所で飼われていたメスのブタに喰い殺されるという事件も起きている。

男の子は、外で遊んでいるところをブタに襲われたとみられており、犯人のブタは事件発覚後すぐに殺処分された。ブタの体内からは、男の子の毛髪とずがい骨の一部が発見されたという。

ちなみに、日本では人間がブタに食べられた事例はないが、過去にはブタに体当たりされたことなどが原因で死亡したという事例がいくつか報告されている。

いくら家畜化され、人間に慣らされた動物とはいえ、やはりイノシシの本質がなくなったわけではないのだろう。ブタがイノシシの血を引く動物だということを忘れてはならない。

パンク町田'sワンポイント

ブタはかわいい。すごく慣れるし人間の個体識別もしっかりできている。それに人と愛情交換もできます。こんな可愛いものを毎日のように食べてるくせして、今さらイルカがどうとかクジラがどうとか言う人が多いですね。でも野生の動物を食べるより、数時間前まで人間を信頼している動物を食べるほうが、かわいそうな気が……。そう言いながらも私は食べちゃうけどね。

Denger Animal 28

野犬

【捨てられた恨みで暴徒と化す】

【生態 DATE】
危険度：★★
分類：イヌ科
体高：20～100cm

野犬とは、完全に飼い主のいない飼いイヌ（以降、飼いイヌをイヌと省略）のことである。

野生化したイヌの代表種として知られているのが、オーストラリアに生息するディンゴ、ニューギニアのニューギニアディンゴ、マレーシアのテロミアン、アメリカのカロライナドックであり、半野生化した代表種としてはインドのパリアドッグ、ロシアのイーストシベリアンライカ、南アフリカのアフリカニスがよく取り上げられる。

もともと、ペットとして飼われていたイヌが捨てられるなどした場合は、野犬ではなく野良犬と呼ばれる。

その後、それらが野生化、累代《るいだい》して群れを作り、人からの家畜的な援助を必要としない生態系を確立したものが野犬と呼ばれるようになる。

日本では、ペットを自分たちの都合で安易に捨てたりする身勝手な人間が増えたことで、イヌが野犬化してしまうケースが多い。

特に、日本百名山にも選ばれている群馬県前橋《まえばし》市《し》の赤城山《あかぎやま》の麓《ろく》では、近年、野犬の繁殖が増加傾向にあり、近隣住民たちを悩ませている。

赤城山周辺では、野生化した野犬の群れが畑を荒らしたり、家畜を襲ったり、人を襲ったりという被害が相次いで報告されている。

そのため、保健所が野犬の捕獲に取り組んではいるものの、野犬は警戒心が強く、なかなか捕まえられないのが現状だという。

狂犬病予防のため、日本では野犬は保護されたのち、一定期間を過ぎると基本的に処分される。

なかには、里親募集で新たな飼い主が見つかるケースもあるが、それでも毎年多くの命が失われており、2014年には約2万頭ものイヌが殺処分されている。

このような問題は、日本だけではなく欧米などの海外でも見られる。

保養地や猟区などで、ひと夏の間だけ飼われていたイヌ（愛玩犬や猟犬）が捨てられて野犬化してしまうケースが多いという。

また、自然災害などで飼い主と離れ離れになってしまったり、予期せぬ事態にみまわれるなどして、やむをえずペットが野良化してしまうケースも報告されている。

畑に家畜、はては人まで襲う野犬

私たちが普段、接している飼いイヌはアニマルコンパニオンと呼ばれ、家族の一員としていやしを与えてくれる、とても愛らしい動物である。

しかし、本来イヌは、肉食を中心とする雑食、もしくは肉食動物のため、野生化したイヌが人間や家畜を捕食対象にすることは、なにもおかしいことではない。

近年では野犬が群れを作り、住民や旅行者を襲う被害が相次いでおり、世界中で深刻な社会問題となっているのだ。先にも述べたように、日本の赤城山周辺では野犬の群れが多く目撃されている。畑を荒らされたり、家畜のブタやヤギを喰い殺されたりする被害が頻発するなか、新聞配達中の男性が野犬に襲われたりと、人への被害も数件、報告されている。

さいわい、野犬による死者はいないようだが、「かわいがって育てた家畜を殺されるのは悲しい」「集団でうろついているから怖い」などと不安をいだく住民も多い。だがなかには、「野犬とはいっても元は人間に飼われてたイヌだから可哀想」と自分勝手な人間に振り回されたイヌたちをあわれむ人もいるようだ。

また、海外では人間が野犬に喰い殺されてしまったという事例も数多く報告されている。

2008年、オーストラリア奥地のアリススプリングス近郊で、2人のオーストラリア人男性が相

2014年、日本の保健所で殺処分されたイヌは約２万頭にのぼる。

次いで野犬の群れに襲われた。

１人目の被害者である26歳の男性は、泥酔していたところを野犬の群れに襲われたようで、右脚を喰いちぎられて死亡しているのが発見された。２人目の犠牲者である48歳の男性は、７月に野犬の群れに襲われ、体の一部を食べられたという。

男性は、心臓発作で倒れた後に野犬に襲われたようだが、襲われた際にまだ息があったのかは不明である。

このほかにも、自転車に乗っていた7歳の少年が野犬の群れに襲われて重傷を負ったり、男性が睾丸《こうがん》を喰いちぎられる事件も起きている。

２０１２年3月には、イタリア・ミラノ近郊で不法投棄された古いキャンピングカーでひとり暮らしをしていた74歳の男性が野犬の群れに喰い殺されている。

2012年3月には、ブルガリアの首都ソフィアで、87歳の男性が25頭もの野犬に襲われて死亡している。被害者はアメリカの大学教授のバトヨ・タッコフという人物だった。彼はブルガリア出身の著名な人物であったようで、野犬に寛容《かんよう》な国であったブルガリアも、この事件をきっかけに野犬駆除への政策転換を余儀《よぎ》なくされた。

メキシコでは野犬が社会問題化

さらに、メキシコの公園では2012年12月29日〜2013年1月4日にかけて野犬の群れが4人の男女に次々と襲いかかり、大きな問題にもなっている。

29日、最初の被害者である26歳の母親と1歳の男の子の遺体が公園で発見された。遺体には10頭以上もの野犬にかまれたとみられる傷跡が残っており、体の一部が食べられていたという。

そして、そのわずか数日後の4日には、10代の男女の遺体が発見された。

被害者の15歳の少女は死の直前に「イヌたちに襲われている。助けて」と姉妹に電話口で助けを求めていたというのだ。

生きたまま野犬の攻撃を受けた4人は、いずれも出血多量で死亡したとみられている。

今回の事件を受けて100人以上の警察官が野犬の〝一斉検挙〟を行った。

ちなみに、メキシコでは推定12万頭もの野犬が生息しているとされ、社会問題にもなっている。

こうした痛ましい事件は、野犬が増殖するとともに増え続けており、なかなかなくならないのが現状だ。野犬にとっては自分たちが生きるために必死なだけで、人間を襲うのは本能として仕方がない行動といえるだろう。

野犬が増えたもともとの原因は、私たち人間にある。危害を加える恐れがあるからといって、野犬の殺処分を繰り返すのはあまりにも悲しい。

一部の自治体では近年、ペットにマイクロチップを埋め込んで、飼い主の情報などを管理しているところもある。まだまだ普及率は低いが、これがもし義務化されれば、自分勝手にペットを捨てる人が減るのではないかと効果が期待されている。

パンク町田's ワンポイント

イヌは強力である。だから広い分布域と生息数を誇る。あたりまえのように人間と共存してきたイヌだが、もし敵に回ると非常に怖い相手である。アメリカン・ピット・ブルテリアは300キロ以上のかむ力を持つといわれ、ジャーマン・シェパードは人の1万倍の嗅覚を持ち、グレーハウンドは時速70キロメートルを超える俊足だ。こんな奴らを怒らせるな！　しかし、イヌは家畜であり人間の友である。今のところは……。

Denger Animal 29

ロバ

【動物性タンパク質不足で悪魔に豹変】

【生態DATE】
危険度：★
分類：ウマ科
体長：2〜2.3m

ふだん、私たちがよく目にするロバは北アフリカに生息しているアフリカノロバ（野生種のロバ）を家畜化した動物であるといわれている。

ロバは哺乳綱奇《き》蹄目《ていもく》ウマ科ウマ属ロバ亜属の総称、もしくは、その1種を指す。

大型のダイロと小型のショウロのうち、ダイロであっても体長は2〜2・3メートル、体重は250キロほどとそれほど大きくはない。

力は非常に強く、記憶力もよいとされている。そのため、海外では昔から荷物を運んだり、移動手段のために飼育されてきた。

ロバは、現生している野生ウマのなかではもっとも小さい種で、体の色は淡黄色や淡灰色、または赤褐色。

頭部から首にかけて黒褐色の短いたてがみがあり、同じ色の尻尾の毛はウマと比べるとかなり少なめで、先のほうだけに長い毛が生えている。

見た目が小さいだけで、ほとんどウマと変わらないが、ぴんと立った大きな耳が特徴的で、その見た目から別名「ウサギウマ」とも呼ばれている。

この特徴ある耳は、熱帯地域で生きていくための耐暑機能として進化したもので、耳で熱を調整しているのではないかと考えられている。

また、ロバは体がとても頑丈なので粗末なエサと

少ない水でも生きていくことができ、飼育下ならば40〜50年生きることもあるという。

ほかの動物よりも比較的飼いやすく、昔からヨーロッパやアフリカ、中国などの広い地域で多く飼育されてきた。

だが、日本ではウマやウシ、ブタなどに比べるとその飼育数は少ない。

ロバが寒さに弱いという点や、しめった気候に弱いことなどが原因だと考えられる。

また、意外と気むずかしい性格なので、扱いにくいという一面も理由としてあげられる。

そのため、ロバの肉を食べるという習慣も日本ではほとんどなじみのないことだが、中国の華北《かほく》などでは食肉として普通に食べられている。年をとり輸送などに従事することがむずかしくなったものが食用にされる。

ちなみに、昔ヨーロッパではロバを飼うのは貧しい農家が多かったことから〝愚か者〟や〝馬鹿〟といった象徴としてロバが用いられることが多い。

人を襲うのはタンパク質不足が原因か

日本では、動物園や牧場などで見ることのできるロバだが、そのおっとりとした風貌《ふうぼう》からおとなしいイメージを抱く人も多いだろう。

しかし、そんなロバが過去に人を食べたという信じられない事件が起きている。事件は1983年5月18日、ケニアの首都ナイロビの東方にあるキツイという村で起きた。

村に住む主婦がロバを連れて近くの川へ水をくみに行った際、身をかがめた女性の片足にロバがかみついて食べはじめたというのだ。驚いた女性がとっさに右手を上げると、なんとロバはその手も喰いちぎってしまった。女性の悲鳴を聞き、駆けつけた通行人が山刀でロバの首を切り落としたが、そのときすでに女性は背骨まで切り裂かれており、病院へ運ばれる前に息を引き取ったという。

草食のロバが、人間を襲うなんてことが実際にありえるのだろうかと疑問に思う人もいるだろう。だが、たとえ草食動物でも、極端にタンパク質が不足した状態では、肉や魚を食べることもあるのだ。女性を襲ったこのロバは、極度の栄養不足に陥っていたのではないかと考えられている。

また2013年には、ハンガリー西部のある村で65歳の男性が2頭のロバに殺害されるという事件も起きている。事件当日、男性はバイクで農園のそばを通りかかった。すると、そこで飼われていた2頭のロバに突然襲われたというのだ。

頑丈な体と記憶力のよさから、海外では荷物運搬や移動手段のために飼育されてきた。

ロバの持ち主である農園所有者が、路上で倒れている男性を発見し警察に通報したが、すでに死亡していた。

当初は遺体の損傷の激しさから、男性はオオカミなどに襲われたのではないかと考えられた。だが検死の結果、男性の体につけられた複数の傷跡は、ロバの歯やひづめによるものであると判明したのである。

今回の事件の原因は、ロバが自分たちのテリトリーに侵入してきた男性を敵だと思い込み攻撃的になったのではないかとされている。

しかしなぜ、本来温厚なはずのロバが男性が死ぬまで執拗に攻撃を続けたのか、その詳しい原因はわかっていない。

死亡した男性の娘によると、男性は30年もの間、週末になるとバイクで別荘に向かうため、事件の起きたこの道を通っていたという。

一方、今回事件を起こしたロバとその他の動物たちは、数年前にこの地に移されたばかりであった。

ロバを家畜にする地域ではかみつき事件が頻発

その愛嬌たっぷりな外見から、私たちはロバに対して警戒心をいだくことはない。

だが、意外にもロバにかみつかれたという事例は多く、なかには男性が〝大切な部分〟をかみ切られるという、実に痛ましい事故も起きている。

2002年7月、モロッコのマラケシュ近郊で、7歳の少年がケガをして病院に担ぎ込まれた。あろうことか、少年はロバに局部をかみ切られていたのだ。

モロッコでは農作業などにロバが使われている。そのロバに少年がどのような状況で下腹部をかまれたのか。病院側は詳しい事情を明らかにしていないが、少年の下腹部の接合手術は成功。〝大切な部分〟は無事にもと通りになったという。

また、2007年8月16日、中国の甘粛省蘭州市で11歳の少女がロバにかみつかれて大ケガを負っている。

少女は、体の不自由な両親の手伝いをするために畑へ向かっていたところを、道端につながれていたロバに襲われた。悲鳴を聞いて駆けつけた村人に助けられ命に別状はなかったものの、少女は頭や顔、肩などに12針も縫う大ケガを負ったという。

ロバを家畜として飼育している地域では、この事件のように子どもがかみつかれてケガをすることは、わりとよくあることのようだ。日本でも、ロバと触れ合える牧場などでは〝かみつき注意〞の看板が立てられている。今のところ、日本でロバにかまれて死亡したという人はいないようだが、多少の出血をともなうケガを負った人はいるようだ。

いくら人間を攻撃することの少ない動物とはいえ、ロバだって機嫌の悪い日もある。小さな子どもを連れて近づく際は、くれぐれも目を離さないように気をつけよう。

パンク町田'sワンポイント

ロバはウマと同じく新大陸で発生し、旧大陸で飛躍を遂げ、大きく美しい現在の姿へと進化した。その過程で大きく変化したものがある。それは指である。現在のウマの類は、すべて指は1本だけしかなく、つま先立ちで歩き先端には固く丈夫なひづめがある。絶滅した昔のウマには、指が3本、4本あるものもいた。開けた土地に生活圏を見出すと、素早く移動することに特化をしめし、より有利で丈夫な1本指の構成へと思い切った進化を遂げたのである。

Denger Animal 30

カンムリクマタカ

【猛禽類最強の攻撃力〝空飛ぶヒョウ〟】

【生態DATE】
危険度：★★★
分類：ワシタカ科
体長：2〜2.3m

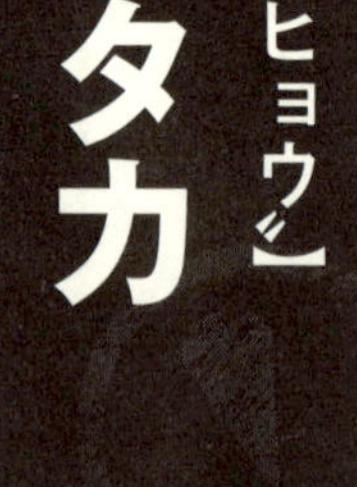

カンムリクマタカはオウギワシ、サルクイワシと並んで〝世界の三強〟といわれる猛禽類の一種である。体は、他のワシタカ類と比べるとそれほど大きくはないが、その攻撃力の高さは猛禽類のなかでもずば抜けている。アフリカの人々の間では〝空飛ぶヒョウ〟と呼ばれ、危険視されているほどだ。

カンムリクマタカは、ワシタカ目ワシタカ亜目ワシタカ上科ワシタカ科イヌワシ亜科カンムリクマタカのワシで、サハラ砂漠以南のアフリカの熱帯雨林に生息が確認されている。

平均的な体長は75〜85センチほどで、大きな個体になると90センチを超えるものもいるという。

大きな体のわりに翼は短いが、その分幅が広い。体重は4キロ程度。

カンムリクマタカはその名のとおり、頭部に立派な冠羽《かんう》があるのが大きな特徴で、冠羽は黒と白が混じっている。

くちばしは灰色がかった濃い青色で、胸から腹にかけては、白地に黒いウロコのような模様がある。丸みのある翼は、上部が灰褐色で、下部は白地に黒の横縞が入っており、尾が長い。

最大の武器である鋭いかぎ爪は、獲物のずがい骨を貫通させたり、ショック死させるほど強力だ。そして、その強靭な翼の力で重い獲物を巣まで持ち帰

ることもできる。

だが、そんな恐ろしさの半面、その鳴き声はフルートのように美しいといわれている。

繁殖の際には高さ20メートルほどの樹上に巣を作る。巣作りには5ヶ月ほどかかるが、一度巣ができるとそれを何度も利用する。何代にもわたり受け継がれることもあり、75年以上も使われている巣もあるという。

カンムリクマタカは、おもにコロンブスモンキー(コロンブス属のサル)やベルベットモンキーなどの小型のサルを捕食するが、ときには自分よりも大きな相手にもおくせず襲いかかって捕食してしまう。

小型のレイヨウ類だけでなく、過去には平均体重が20キロもあるオスのヒヒ、マンドリルの亜成獣や、平均体重が25~60キロとされるメスのブッシュバックの成獣を捕らえたという事例も報告されている。

そうしたこともあり、高い攻撃力と殺傷能力を持つカンムリクマタカは、猛禽類最強と恐れられているのである。

子どもを獲物として捕食

カンムリクマタカと人類との歴史は長い。まだ文明もなにも発達していない時代から、人類はその脅威におびえながら暮らしていたようだ。

その証拠として、彼らの鋭いかぎ爪の跡がついたずがい骨が複数、発見されている。ずがい骨は、今から200万年ほど前に存在していたアウストラロピテクの子どものものではないかとされている。

現代でもまれにだが、カンムリクマタカが人間を襲うという事件が起きている。

アフリカのザンビアでは、1983年に7歳の少年が襲われている。

通学途中に突然ワシの襲撃を受けた少年は、頭や胸、腕に深い傷を負った。少年がカンムリクマタカに攻撃されているのを、たまたま目撃した女性が持っていた鍬《くわ》でワシを殺し、少年を助けてくれたことと、厚い制服の生地のおかげで大事にはいたらなかった。

少年を襲ったカンムリクマタカは若鳥で、翼を広げた大きさはなんと1・8メートルもあり、足指のスパンが19センチ、爪が6センチもあった。少年は助かったものの深手を負い、ケガが回復するまでに3ヶ月ほどかかったという。

その後、生物学者が周辺を調査したが、事件現場の付近にカンムリクマタカの巣は発見されなかった。また、攻撃の仕方も通常のカンムリクマタカの狩猟行動と同じだったことから、このカンムリク

鋭いかぎ爪は、獲物のずがい骨を貫通させたり、ショック死させるほど強力だ。

マタカが少年を獲物として襲った可能性が非常に高いとみられている。

ザンビアでは、このワシの巣のなかから幼児のものとみられるずがい骨も発見されている。

さらに、カンムリクマタカ研究の第一人者であるレスリー・ブラウンもかつて一羽のメスのカンムリクマタカに思わぬ攻撃を受けている。

ブラウン氏は数年にわたってこのカンムリクマタカの巣を観察していたが、ついにメスの我慢も限界を超えてしまったのだろう。

300メートルほど離れたところから、ブラウン氏目がけて直線に飛びかかってきたというのだ。

さいわい傷は大したことはなかったが、ブラウン氏の背中には今も幅1センチ、長さ20センチの3本の傷跡が残っているという。

子どもだけではなく、成人男性にまで立ち向かうとは、まさに生態系の頂点に君臨《くんりん》する猛禽類。はたして彼らに恐れるものはあるのだろうか。

ちなみに、日本では野生のカンムリクマタカは生息していないが、人間に飼育されている個体はいるようだ。ただし、日本では特定動物に指定されているため、許可なく飼うことは禁止されている。

近年では、2012年4月15日に茨城県龍《りゅう》ケ《が》崎《さき》市《し》貝原塚町《かいはらつかまち》でペットとして飼育されていたカンムリクマタカが脱走し、周辺住民に注意勧告が出されたこともあった。

さいわいこのときは何事もなく無事に保護されたそうだが、もし万が一、小さな子どもを襲ったとしたら、ザンビアの事件同様、とても危険な状況になっていたかもしれない。

パンク町田's ワンポイント

カンムリクマタカはワシである。クマタカ類はすべてワシの類だ。全国の田中さんがすべて親戚ではないのと同じで、逆に違う名字であっても親戚はいるということでイヌワシ亜科の鳥類は「××タカ」と種名にあっても、本来〝ワシ類〟なのだ。北海道で有名なオオワシ、オシロワシ、それとアメリカの国鳥であるハクトウワシはトビ亜科に近縁のウミワシ亜科の大型トビ類であるためワシではない。

【巻末付録】

動物たちが大暴れ！ 戦慄のヒト喰い映画

殺戮マシーンと化した巨大サメ、母子を狙うライオンの凶牙、人類を侵略するアリの脅威……。突如、人間に襲いかかる野生の恐怖！　誰もが知っている定番から知られざるB級作品まで、アニマルパニック映画20本をご紹介。

超ド級のスリル！ 人食い映画の金字塔

『ジョーズ』

【製作】1975年／アメリカ
【監督】スティーブン・スピルバーグ

【あらすじ】アメリカ東海岸の小さな町・アミティの海水浴場で若い女性の死体が発見された。死体に残された大きな歯形から女性は大型のサメに襲われたものと考えられたが、海水浴客が減少するのを恐れた市長はその事実を伏せたまま強引に海を開放。なにも知らない海水浴客が次々とサメに襲われてしまう。S・スピルバーグの名を一躍有名にした代表作。『ジョーズ2』『ジョーズ3』『ジョーズ’87 復讐篇』とシリーズ化され、全4作品で完結。この映画が公開された翌年は海水浴客が2割減ったともいわれている。（販売元：ジェネオン・ユニバーサル）

湖で若者たちを襲ったのは…？

『シャーク・ナイト』

【製作】2011年／アメリカ
【監督】デイヴィッド・リチャード・エリス

【あらすじ】バカンスで別荘を訪れていた6人の若者たち。だが、湖には本来いるはずのない無数のサメが……。仕かけられた残酷な罠が若者たちを襲う。見どころは、登場する多種多様のサメ。本書で紹介したホホジロザメはもちろん、ダルマザメなど珍しい種類のサメまで姿を見せている。（販売元：ポニーキャニオン）

遺伝子操作された巨大ザメが出現！

『ディープ・ブルー』

【製作】1999年/アメリカ
【監督】レニー・ハーリン

【あらすじ】太平洋上の研究施設で功を焦った研究者がサメの遺伝子操作を行ってしまう。その結果、高度な知能を持った巨大ザメが誕生。研究所に取り残された人々を次々と襲っていく。研究所が浸水していくなか、主人公は無事に脱出することができるのか……。 大ヒット映画『ジョーズ』をリスペクトした作品のため、『ジョーズ』をオマージュしたシーンが登場する。作中でサメがくわえているナンバープレートは、『ジョーズ』で使われていたナンバープレートと同じものが使用されている。（販売：ワーナー・ホーム・ビデオ）

巨大アナコンダから逃亡せよ！

『アナコンダ』

【製作】1997年／アメリカ、日本
【監督】ルイス・ロッサ

【あらすじ】伝説のインディオを探しに、アマゾン奥地にやってきた撮影隊は、その途中で遭難していた密漁者を助ける。撮影隊の前に巨大アナコンダが現れると、密漁者は豹変。撮影隊はアナコンダの密猟に協力させられることになる。アナコンダと密漁者から撮影隊は生きて帰ることができるのか？（販売元：ポニーキャニオン）

少女と青年 vs 巨大人食いグマ

『リメインズ 美しき勇者たち』

【製作】1990年／日本
【監督】千葉真一

【あらすじ】人喰い熊に家族を皆殺しにされて復讐を誓う一人の少女と若きマタギの青年。アカマダラをおびき寄せるため、自らオトリとなった少女は青年とともに恐ろしいヒト喰い熊に戦いを挑む。実際に北海道三毛別で起きた日本史上最悪の害獣事件がモデル。真田広之や菅原文太といった豪華俳優陣が出演。（販売元：松竹）

怪獣クラスのワニと対決！

『マンイーター』

【製作】2007年/アメリカ、オーストラリア
【監督】グレッグ・マクリーン

【あらすじ】オーストラリアのカカドゥ国立公園を訪れた観光客たちは美人ガイドのケイトが操縦する小型船に乗り込み、リバークルーズを満喫していた。その途中、救命弾を確認した一行は予定を変更して現場に向かうことにした。

船を進めていくと遭難したボートを発見するが、そこで突然、何者かに船が襲われて沈没してしまう。乗客たちは急いで川の中島に上陸するが、なんとそこは巨大ワニの棲家だった。1人、そしてまた1人と巨大ワニの餌食になるなか、人々は無事に川を渡ることができるのか。（販売元：ポニーキャニオン）

突如、人間に襲いかかる鳥たち

『鳥』

【製作】1963年／アメリカ
【監督】アルフレッド・ヒッチコック

【あらすじ】社交界の名士メラニー・ダニエルズが1羽のカモメに額を突かれケガを負った。この事件をきっかけにカモメやフィンチ、カラスといった無数の鳥が無差別に街の人々に襲いかかる。巨匠ヒッチコック監督の代表作。原作は女流作家のダフネ・デュ・モーリアの短編小説『鳥』である。（販売元：ジェネオン・ユニバーサル）

サバンナに取り残された母と子！

『デス・サファリ～サバンナの悪夢』

【製作】2007年／アメリカ
【監督】ダレル・ジェームズ・ルート

【あらすじ】家族とアフリカ旅行にやってきたエイミー。夫が仕事のために、2人の子どもとサファリ・ツアーに参加することになったが、ガイドの軽はずみな行動からエイミーたちは広大なサバンナに取り残されてしまう。そこに現れたのが、サバンナの王、ライオンだった！（販売元：ソニー・ピクチャーズエンタテインメント）

巨大ワニ〝グスタヴ〟の恐怖！

『カニング・キラー 殺戮の沼』

【製作】2007年/アメリカ
【監督】マイケル・ケイトルマン

【あらすじ】アフリカの奥地で白人女性が巨大ワニに惨殺されるという事件が起きた。NYのTV局で働くティムはそのヒト喰いワニ〝グスタヴ〟を捕獲する様子を撮影するため、取材クルーとともに現地へ向かう。しかし彼らはそこで虐殺を繰り返す独裁者〝リトル・グスタヴ〟の殺害現場を撮影してしまう。政府軍から命を狙われるハメになり、逃げ惑うクルーたち。その前に巨大ヒト喰いワニ〝グスタヴ〟が現れ……。本作はヒト喰いワニとして有名なギュスターヴがモデルとなっているとされる。（販売元：ウォルト・ディズニー・スタジオ・ジャパン）

ヒトを殺すことを調教された魔犬

『ホワイト・ドッグ～魔犬』

【製作】1981年／アメリカ
【監督】サミュエル・フラー

【あらすじ】新人女優のジュリーはある日、誤って白いシェパードを車でひいてしまう。飼い主が見つからなかったため、ジュリーはケガをしたイヌを自宅につれてかえることにした。しかし、そのイヌは黒人だけを襲うように調教された恐怖のホワイトドッグであった。（販売元：パラマウント ホームエンタテインメント ジャパン）

巨大グモが人間に襲いかかる！

『スパイダー・パニック』

【製作】2002年／アメリカ
【監督】エロリー・エルカイエム

【あらすじ】アリゾナの田舎町でトラックが積荷の産業廃棄物を池に落とす事故を起こす。クモマニアのジョシュアは流出した有害物質に汚染されたコオロギを知らずに飼育するクモに与えてしまい……、巨大化したクモが次々と人々に襲いかかるパニックムービー。（販売元：ワーナー・ブラザース・ホームエンターテイメント）

アマゾンの人食い魚を一躍有名にした作品

『ピラニア』

【製作】1978年/アメリカ
【監督】ジョー・ダンテ

【あらすじ】若いカップルが立ち入り禁止の山に入ったきり行方不明になった。山に詳しい案内人と女性調査員が捜索のために山に向かうと、山中で謎の施設を発見する。施設内にあったプールのなかを確認しようと放水バルブを開けると、そこには米軍が極秘に品種改良したピラニアの大群がおり、生物兵器と化した獰猛なピラニアの群れが獲物を求めて下流に向かい、キャンプ地の人々に襲いかかる……。アマゾンのヒト喰い魚、ピラニアを有名にしたパニック映画。2010年には本作をリメイクした『ピラニア3D』も公開されている。（販売元：スティングレイ）

人類存亡をかけたアリとの戦い

『フェイズⅣ　戦慄！昆虫パニック』

【製作】1973年／アメリカ
【監督】ソウル・バス

【あらすじ】アリたちが突然、高度な知能を得た。彼らは種族間での無駄な争いをやめると、互いに協力し合って外敵を排除することに成功。やがて人間をも自らの支配下に下そうともくろみ始める。はたして人類はアリの侵略から逃れることができるのか……。（販売元：パラマウント ホーム エンタテインメント ジャパン）

突然変異のナメクジが登場！

『スラッグス』

【製作】1987年/アメリカ・スペイン
【監督】J・P・サイモン

【あらすじ】ある日、何者かによって骨になるまで喰いつくされた変死体が発見された。衛生局のマイクが原因を調査していくと、なんと犯人は工場から排出された有毒廃棄物によって、突然変異したナメクジであることがわかった。ナメクジをモンスター役にすえた、動物パニック映画の珍品。（販売元：ビデオメーカー）

愛と哀しみの復讐劇！

『ウィラード』

【製作】1971 年 / アメリカ
【監督】ダニエル・マン

【あらすじ】人づき合いが苦手な青年ウィラードは会社の上司のアルからイジメを受けていた。そんなウィラードの友だちはソクラテスとベンと名前づけた２匹のネズミ。だが、アルにいたずらを仕かけていたのがバレて、ソクラテスを殺されてしまう。ウィラードはベンとともに復讐を誓い、数百匹ものネズミにアルを襲わせるが、そのあまりの惨状に恐怖を覚えたウィラードはネズミたちを会社の一室に閉じ込めてしまった。思わぬ裏切りあったベンの怒りはウィラードへと向けられる……。2003 年にはグレン・モーガン監督によってリメイクされた。(配給：松竹)

巨大トカゲに支配された無人島

『コモド』

【製作】1999 年／アメリカ
【監督】マイケル・ランティアリ

【あらすじ】家族を何者かに殺されたショックでふさぎ込んでしまった少年を立ち直らせようと、精神科医のビクトリアは少年とともに事件現場である島へ向かった。しかし、島には突然変異した巨大なコモドドラゴンの群れが……。巨大トカゲに支配された無人島を舞台にした王道パニックムービー。(販売元：アミューズ・ビデオ)

放射性物質で突然変異の巨大タコ！

『オクトパス』

【製作】2000 年／アメリカ
【監督】ジョン・エアーズ

【あらすじ】CIA の新米エージェントのターナーは逮捕した国際的テロリストを護送《ごそう》する任務についていた。原子力潜水艦に乗り込み、海の中を移動するターナーたち。しかし、その途中で、過去に沈没したソ連の潜水艦から漏れ出した放射性物質によって巨大化したタコに襲撃されてしまう。(販売元：クリエイティブアクザ)

高圧電流で凶暴化したゴカイの大群！

『スクワーム』

【製作】1978年 / アメリカ
【監督】ジョー・ダンテ

【あらすじ】1975年の夏、大西洋岸にあるアメリカのジョージア州の田舎町が大嵐に襲われる。強風などで高圧線が切断され、30万ボルトもの電流が地面に流れ込んだために、地中に棲むゴカイが突然、凶暴化。次々と住民たちに襲いかかり、骨になるまで喰いつくしていく。殺人ゴカイは水道管やシャワーなどを伝って人家に入り込み、何万匹もの群れとなってあっという間に部屋中を埋め尽くしていく……。はたして町の住民たちは恐怖の殺人ゴカイから逃れることができるのか。（販売元：20世紀フォックス・ホーム・エンターテイメント・ジャパン）

動物系パニック映画の新境地！

『ブラックシープ』

【製作】2007年／ニュージーランド
【監督】ジョナサン・キング

【あらすじ】ある日、違法な動物実験によって遺伝子操作された肉食の子ヒツジが森に放たれた。凶暴化したヒツジは数万頭もの大群で襲いかかってきた。パニックになり、逃げまどう人々。すると、ヒツジにかまれた人間が不気味な〝ヒツジ人間〟へと姿を変え、生き残った人間に襲いかかってくる……。（販売元：Icon）

地獄のサファリパークへ出発進行！

『サファリ』

【製作】2013年／アメリカ、南アフリカ
【監督】ダレル・ルート

【あらすじ】サファリツアーに参加したアメリカ人観光客。しかし、ライオンが見たいと要求し、正規のルートからはずれたことで、楽しいはずのツアーは一転。車が故障し、地獄のツアーとなる。右も左もわからない広大なサバンナに取り残された観光客。彼らに獰猛な野生動物たちが襲いかかる。（販売元:TCエンタテインメント）

■主要参考文献

仙石正一『世界で一番キケンな生きもの』(幻冬舎)
ジュリエット・クラットン=ブロック『世界哺乳類図鑑』(新樹社)
今泉忠明『動物の狩りの百科』(データハウス)
今泉吉典『動物たちを考える本』(ニュートンプレス)
『新世界　絶滅危機動物図鑑　哺乳類Ⅰ』(学研)
山口敦子『サメのなかま』(朝倉書店)
ビクター・スプリンガー、ジョイ・ゴールド、仲谷一宏(訳)『サメ・ウォッチング』(平凡社)
今泉忠明『知ってびっくり!　危険生物のお話』(学研)
山本典暎『海辺で出遭うこわい生きもの』(幻冬舎コミックス)
仲谷一宏『SHARKS　サメ─海の王者たち─』(ブックマン社)
『動物園〔真〕定番シリーズ3「ゾウ」エレファント・トーク』(株式会社CORE)
『学研の図鑑　世界の危険生物』(学研)
『日本動物大百科3　鳥類Ⅰ』(平凡社)
『動物の大世界百科1』(日本メール・オーダー社)
『動物の大世界百科7』(日本メール・オーダー社)
『絶滅危惧動物百科6』(朝倉書店)
『広辞苑　第六版』(岩波書店)
『世界文化生物大図鑑　動物』(世界文化社)
増井光子「どうぶつの赤ちゃん　ゾウ」(金の星社)
宮尾嶽雄『ツキノワグマ』(信濃毎日新聞社)

参考文献

『超危険生物』（学研）
クリス・マティソン、千石正一『ヘビ大図鑑―驚くべきヘビの世界』（緑書房）
デリック・ジュベール、ビバリ・ジュベール『ナショナルジオグラフィック動物大せっきん　ヒョウ』（ほるぷ出版）
ジム・ブランデンバーグ、ジュディ・ブランデンバーグ『ナショナルジオグラフィック動物大せっきん　オオカミ』（ほるぷ出版）
倉持浩『パンダ　ネコをかぶった珍獣』（岩波書店）
太田垣晴子『ぱんだだ！　中国・日本パンダ紀行』（文藝春秋）
成島悦雄『珍獣図鑑』（ハッピーオウル社）
今泉忠明『新世界　絶滅危機動物図鑑　哺乳類Ⅰ』（学研教育出版）
小林達彦『誰も知らない野生のパンダ』（ＮＨＫ番組制作局科学環境番組部）

そのほか、多くの書籍やインターネットサイトも参考にさせていただきました。

[監修者略歴]
パンク町田（ぱんく・まちだ）
1968年生まれ、東京都中野区出身の動物研究家。鷹狩に造詣が深く、鷹道考究会理事・日本流鷹匠術鷹匠頭・日本鷹匠協会鷹匠・日本鷹狩協会鷹師を兼任。また犬の訓練士でもあり、日本使役犬協会、Japanese bandog club を主催。特定非営利活動法人・生物行動進化研究センターの理事長も務める。現在はUACを運営しながらメディア出演をこなす。

[著者略歴]
斎藤沙千恵（さいとう・さちえ）
1986年生まれ。山形県出身。秋葉原メイド、編集プロダクション勤務などを経て、2015年からフリーライターとなる。幼少期から獰猛な生物、特にサメに興味を持ち、生態などを独自に研究。ペンネームで秋葉原関連の著書多数あり。

企画／大村大次郎事務所
装幀・本文組版／GONZO DESIGN
カバー・本文写真／Shutterstock

ヒトを喰う生き物

2016年6月1日　　第1刷発行

監　修　パンク町田
著　者　斎藤沙千恵
発行者　唐津 隆
発行所　株式会社ビジネス社
〒162-0805　東京都新宿区矢来町114番地 神楽坂高橋ビル5F
電話　03(5227)1602　FAX　03(5227)1603
http://www.business-sha.co.jp

〈印刷・製本〉中央精版印刷株式会社
〈編集担当〉長島愛 〈営業担当〉山口健志

ISBN978-4-8284-1882-7

ビジネス社の本

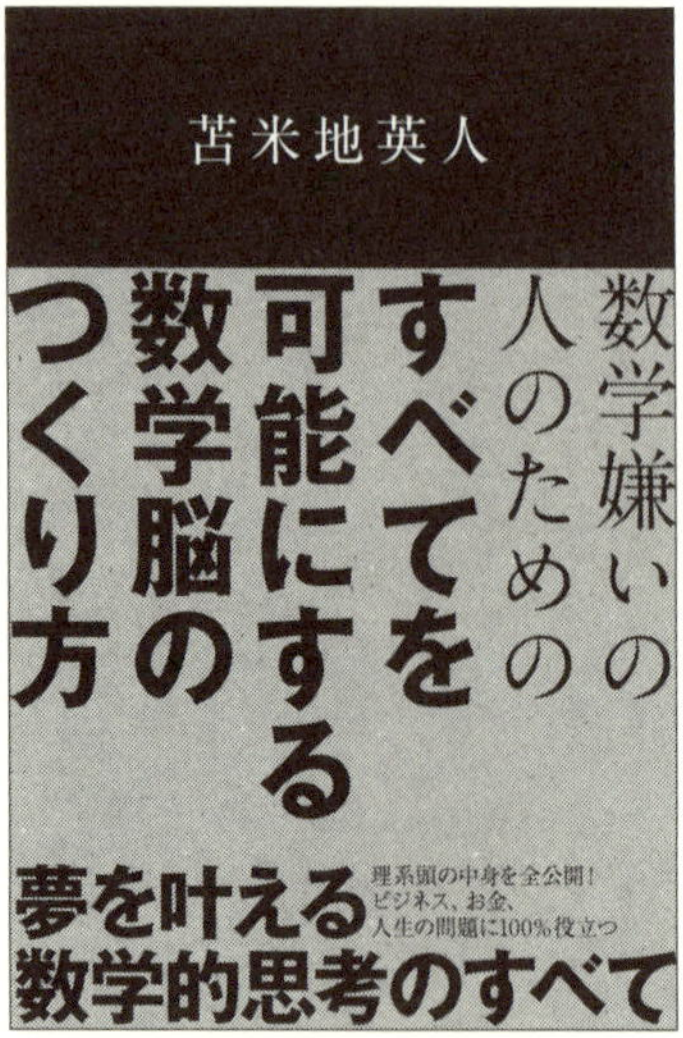

数学嫌いの人のための すべてを可能にする数学脳のつくり方

苫米地英人……著

理系頭の中身を全公開！
ビジネス、お金人生の問題に100%役立つ
【夢を叶える数学的思考のすべて】

数学とは問題を見つけ出すものである。誰も気が付かない問題を見つけ出して、一瞬のうちに解く――これはビジネスでも同じで、結果が見えていることこそが数学的な思考なのだ。文科系の人間にも人生で最高のツールが手に入る！

本書の内容

第1章　数学的思考とはなにか？
第2章　数学とはなにか？
第3章　幸福を数量化する経済学と数字
第4章　数学的思考と人工知能
第5章　プリンシプル（原理原則）とエレガントな解

定価　本体1500円＋税
ISBN978-4-8284-1878-0